알고리즘이
당신에게
이것을
추천합니다

부지런한 알고리즘이 안내하는 새로운 세상

알고리즘이
당신에게
이것을
추천합니다

크리스토프 드뢰서 지음
전대호 옮김

해나무

올리버와 루카스에게

차례

알고리즘의 시대

나는 최근에 생일을 맞았다. 사회연결망서비스 social network service, SNS인 페이스북 가입자라면 자기 생일에 어떤 일이 벌어지는지 알 것이다. 내 "친구들", 그러니까 페이스북에서 나와 연결된 사람들은 이날 메시지를 받는다. 그러면 그들은 내 타임라인 timeline에 축하의 인사말을 적을 수 있다. 대다수는 "생일 축하해요"가 전부지만 몇몇은 이럴 때 쓰라고 페이스북이 제공하는 수많은 이모티콘 emoticon 중 하나로 인사말을 치장한다. 생일을 맞은 사람은 100명이 넘는 사람들이 이날 자신을 생각한다는 것에 기쁨을 느낀다. 그는 모든 인사말 각각에 "좋아요" 버튼을 누른다. 이튿날 정확히 24시간 뒤, 그는 수많은 축하 인사에 감사하고 자신이 멋진 생일을 보냈다는 글을 올린다. 그래야 예의에 맞다. 그러면 어제 기회를 놓친 많은 친구들이 그 글을 읽고 때늦은 축하 인사를 남기고 생일의 주인공은 다시 한 번 기뻐한다.

하지만 진실로 기쁠까? 오늘날 우리의 사적인 관계는 대개 이렇게 관리되는 것일까? 우리가 기념일을 잊지 않게 도와주는 알고리즘의 지휘에 따라서? 우리는 사회생활의 책임을 컴퓨터에게 떠넘기고 고작 컴퓨터가 우리에게 제공하는 버튼을 반사적으로 클릭하고 있는 것일까?

아기 사진을 올리고, 아기 사진에 '좋아요'를 누르고, 아우, 귀여워라, 이모티콘으로 미소 짓는 얼굴 하나!

디지털 연결망의 시대에 우리를 지배하는 이 새로운 관습 앞에서 대뜸 서양의 몰락을 염려할 필요는 없다. 적당히 거리를 두고 생각해보면 사실 과거 아날로그 세계의 관습도 부조리하기는 지금과 별반 다르지 않았으며 때로는 우스꽝스럽기까지 했다. 솔직히 나는 페이스북으로 수많은 생일 축하를 받고 실제로도 기뻤다. 그러나 우리는 다음과 같은 사실을 부정할 수 없다. 알고리즘들은 우리의 삶을 장악했으며 그것들 모두가 내 사례에서처럼 무해한 것은 아니다. 알고리즘은 우리 대신 정보를 검색하고 A에서 B로 가는 길을 알려준다. 알고리즘은 우리가 어떤 책을 읽고 어떤 영화를 볼지를 추천해준다. 알고리즘은 우리의 신용도를 어떻게 평가할지와 어떤 구직자가 일자리를 얻을지에 점점 더 큰 영향을 미치고 있다. 심지어 우리의 연애 파트너와 인생 파트너를 물색하는 일도 알고리즘에 맡길 수 있다.

세상의 모든 폐해를 '알고리즘' 탓으로 돌리는 것은 독일 특유의 풍습이다. 우리는 컴퓨터와 프로그램, 혹은 기술 일반에 죄를 묻지 않는다. 대신 우리가 섬뜩하게 여기는 것은 알고리즘이다. 다른 나라에서는 이 단어에 대한 경계심이 오래 전에 잦아들었다. 나는 미국 슈퍼마켓에서 "알고리즘"이라는 이름의 포도주까지 본 적이 있다. 그 포도주를 독일 시장에 내놓는다면 틀림없이 먼지를 뒤집어쓴 채로 진열대에 머물 것이다. 알고리즘의 이미지가 나빠진 주된 이유는 아마도 2014년에 사망한 〈프랑크푸르터 알게마이네 차이퉁〉지의 발행인 프랑크 쉬르마허에게 있을 것이다. 그는 저서 『페이백 Payback』과 『에고 Ego』에서 계산

규칙, 즉 알고리즘이 사회의 탈연대 desolidarization 를 일으키고 결국 디지털 자본주의의 승리를 가져올 것이라고 주장했다.

당연한 말이지만 쉬르마허는 적수를 신중하게 선택했다. 만약에 그가 컴퓨터를 문제 삼았다면 독자들은 컴퓨터가 단지 도구에 불과하다고 생각했을 것이다. 컴퓨터는 이런저런 방식으로 사용할 수 있는 도구, 이를테면 망치처럼 좋은 목적에 쓸 수도 있고 나쁜 목적에 쓸 수도 있는 도구라고 말이다. 반면에 쉬르마허가 보기에 알고리즘은 순수한 도구에 불과한 것이 아니라 우리의 사고를 감염시키고 우리의 문명을 슬그머니 변화시키는 논리적 원리였다. 우리는 계산을 위해 컴퓨터를 사용하는 것에 그치지 않고 모든 것이 계산 가능하다고 여긴다. 그리고 우리 자신도 계산 가능하고 예측 가능하게 만든다.

알고리즘이 정확히 무엇인지에 대한 쉬르마허의 설명은 불충분하다. 오늘날 그 단어를 입에 올리는 사람들 중 다수는 단어의 정의조차 댈 수 없을 것이다. 이 책의 목적은 알고리즘의 위력에 대해 토론하기 위한 기반을 마련하는 것이다. 나는 오늘날 우리 삶에 영향을 미치는 가장 중요한 알고리즘 몇 개를 설명할 것이다. 내가 기대하는 효과는 두 가지다. 첫째, 알고리즘이 조금이나마 덜 신비롭게 느껴지기를 바란다. 대형유통업체의 알고리즘이 특정 여성 고객의 임신 여부를 알아낼 수 있다는 이야기(137쪽 참조)는 얼핏 알고리즘이 고객의 가장 내밀한 사적 영역을 들여다보고 있다는 뜻으로 들린다. 그러나 더 자세히 살펴보면 그 알고리즘은 단지 해당 고객의 구매 이력을 간단히 분석해서 고객이 특정 상품들을 구매했을 때 식별 신호를 출력하는 절차에 불과하다는 것이 드러난다.

하지만 또한 나는 독자가 알고리즘에 들어 있는 생각—그중 일부는 천재적이다—에 조금은 경탄하기를 바란다. 알고리즘 개발에서 중요한 것은 문제를 단순히 해결만 하는 것이 아니라 최대한 경제적이고 우아하게 해결하는 것이다. 우리는 내비게이션 장치가 두 도시를 잇는 경로를 몇 초 내에 계산하리라 예상한다. 그렇지 않다면 쓸모없는 장치일 테니까 말이다. 심지어 목록을 알파벳순으로 정렬하는 것처럼 우리가 따분하다고 느끼는 과제를 컴퓨터가 수행할 때는 우아할 수도, 그렇지 않을 수도 있다. 이 정렬 과제 하나만을 위한 절묘한 알고리즘이 최소한 열다섯 가지가 존재한다(38쪽 참조).

그러나 알고리즘을 구체적으로 살펴보면 다음과 같은 사실도 명확히 드러난다. 알고리즘은 우리와 다르게 "생각한다". 알고리즘의 강점은 다수의 간단한 계산 단계를 최대한 신속하게 실행하는 것이다. 알고리즘은 정확한 입력을 필요로 하며, 순차적으로 처리되는 작고 구체적인 단계들로 구성된다. 체스 두는 컴퓨터는 인간 체스 선수와는 다른 방식으로 체스를 둔다. 컴퓨터는 적당한 범위 안에서 가능한 모든 행마를 계산하고 이를 냉정하게 평가한 뒤 최선의 행마를 선택한다. 인간은 이런 작업을 어느 정도까지만 해낸다. 훨씬 더 많은 경우에 인간은 직관에 의지하여, 이를테면 비숍을 h1 위치에서 e1으로 옮긴다. 왜냐하면 그렇게 하는 것이 옳다고 느끼기 때문이다. 느낌은 생각의 천재적인 '축약'이라고 할 만하다. 느낌으로 결정하는 사람은 머리를 아낄 수 있다. 상황을 매번 새롭게 마지막 세부까지 숙고하는 과제를 뇌에 부과하지 않을 수 있다. 그런 사람은 자신의 경험에 뿌리를 둔 선입견prejudice에 따라 움직인다. 이런 직관적인 사고축약을 '어림규칙

heuristics'이라고도 한다.

알고리즘의 방식과 인간의 방식 중에 어느 쪽이 더 나을까? 이 질문에 일괄적으로 대답할 수는 없다. 구직자들 중에서 한 명을 선발하는 과제를 예로 들어보자. 많은 사장들은 자신의 직감이 뛰어나다고 자랑할 것이다. 구직자가 해당 일자리에 "적합한지" 여부를 직감으로 안다면서 말이다. 그러나 직감의 배후에 선입견에 물든 타성적, 획일적 사고가 도사리고 있다가 비만이거나 흑인이거나 여성인 구직자가 들어오면 즉각 작동하는 것뿐일 가능성도 충분히 있다. 채용 절차는 가능한한 익명으로 진행하는 것이 좋다는 근거가 있다. 또한 적어도 예비 선발은 오직 구직자들의 객관적 자격요건만 고려하는 알고리즘에 맡기는 것이 좋다는 근거도 있다.

하지만 알고리즘이 선입견이 없다거나 대상을 차별하지 않는다는 뜻은 아니다. 잘 알려진 예로 구글의 자동완성 autocomplete 기능을 생각해보라. 그 기능은 사용자가 검색어를 미처 다 입력하기도 전에 이미완성된 검색어들을 제안한다. 한때 구글 검색창에 "Bettina Wulff"(베티나 불프, 2012년 직권남용 의혹으로 사임한 독일 대통령 크리스티안 불프의 아내—옮긴이)를 입력하면 그녀를 비방하는 의미가 담긴 단어가 따라붙은 검색어들이 제안되었다. 그 이유는 당연했다. 당시 대통령의 부인이었던 그녀에 관해서 터무니없는 소문이 인터넷에 떠돌고 있었기 때문이다. "객관적인" 구글은 그 소문을 맹목적으로 반영했던 것이다. 크리스티안불프의 사건이 법정으로 가기 직전에 구글은 자동완성 기능을 수정했다. 지금은 비방성 연관검색어를 억제하는 것이 가능하다. 하지만 그러기 위해서는 반드시 인간이 알고리즘에 개입해야만 한다. 자동완성 알고리즘이 자유롭게 작동하도록 놔두면 지금도 여전히 흥미진진한 결과들이 나온다. "Angela Merkel"(앙겔라 메르켈, 현 독일 총리―옮긴이)을 입력하면 "Judin"(유대인)이 보충 단어로 맨 위에 뜨고, "Darf man"(…해도 될까요)을 입력하면 "아이 이름을 아돌프로 지어도"('아돌프'는 히틀러의 이름―옮긴이)가 보충되는 식이다.

구글의 예를 하나 더 보자. 구글 이미지 검색창에 "CEO"를 입력해보라. CEO는 회사의 최고경영자를 뜻하는 약자이며 독일에서도 사용이 증가하는 추세다. 내가 검색했을 때 맨 위에 뜬 이미지 49건은 남성을 보여주었다. 50번째 이미지는 바비 인형의 특별판 "CEO 바비"의 사진이었다. 67번째에야 처음 나온 진짜 여성은 패션회사 버버리의 최고경영자를 지낸 앤절라 아렌츠였다. 99번째 이미지는 야후의 최고경영자 머리사 메이어의 사진이었는데 그녀가 2012년에 건강한 아들을 낳았다는 소식이 따라붙었다. 다음 여성은 143번째로 나온 제록스의 최고경영자 어설라 번스였다. 그녀는 처음 나온 흑인 여성이기도 했다.

이런 이미지 검색 결과의 배후에는 어떤 나쁜 의도도 없다. 해당 알고리즘은 인터넷 사용자들이 올리거나 클릭한 이미지를 그대로 반영한다. 즉, 우리에게 현재 상태 status quo 를 보여주고, 또한 그럼으로써 현재 상태를 공고히 한다. 몇몇 웹사이트에는 자동으로 뜨는 구인광고가 있다. 구글 알고리즘은 사용자 각각에게 적합한 광고를 선별해서 보여주는데 남성 사용자에게 보여주는 일자리의 보수가 여성에게 보여주는 일자리의 보수보다 더 높았다. 이것은 논리적인 귀결이다. 이미지 검색 결과가 남성 사장이 여성 사장보다 훨씬 더 많은 현실을 반영하는 것과 마찬가지다. 물론 이때 논리적이라 함은 광고 선별 알고리즘의 관점에서 논리적이라는 뜻이지만 말이다.

알고리즘은 대상들을 차별해야 한다. 그것이 알고리즘의 목적이다. 만일 내가 사람들의 신용도를 평가하는 프로그램을 짠다면 나는 일부 사람들을 다른 사람들보다 더 우대해야 한다. 그렇다면 평가를 위해 어떤 기준을 채택해야 할까? 번듯한 주택가의 거주자는 퇴락한 구역의 거주자보다 대출금 상환을 연체하지 않을 확률이 더 높다는 것은 순전히 통계적인 관점에서 보면 이론의 여지가 없다. 그러나 은행이 이 기준을 대출에 적용하는 것은 개인 거래자에게 부당한 처사다. 왜냐하면 거주지는 개인의 대출 상환 성실성과 직접적인 관련이 없기 때문이다. 이 때문에 은행이 거주지를 기준으로 채택하는 것은 법으로 금지되어 있다. 마케팅을 비롯한 다른 분야에서는 단지 주소를 기준으로 사람을 판단하는 작업이 일상적으로 이루어진다. 그 작업이 과연 정당하냐 하는 문제는 제쳐두고 말이다. 예를 들어 몇몇 인터넷 쇼핑몰은 우편번호를 기준으로 삼아 해당 고객에게 상품 수령 후 대금 지급을 허용할 것인지 여부를 판단한다.

알고리즘은 수학적 원리에 따라 작동하며 동일한 입력에 대해서 항상 동일한 결과를 출력한다. 이 때문에 사람들은 흔히 알고리즘이 "객관적"이며 공평무사하다고 여긴다. 그러나 알고리즘의 계산은 비인격적이고 냉정하다 하더라도 그 계산에 대한 판단은 항상 사람이 내려야 한다. 그 사람은 프로그래머일 수도 있고 프로그래머를 고용한 경영자일 수도 있다. 페이스북은 자사의 알고리즘이 항상 사용자가 가장 보고 싶어 하는 뉴스만 선별해서 보여준다고 주장하는데 이는 당연히 말도 안 된다. 페이스북은 다양한 뉴스를 솎아내는 조정 장치를 끊임없이 가동한다. 이는 구글이 검색 결과의 배열 기준을 계속 조정하는 것과 마찬가지다. 우리는 그 기준을 문제 삼아서 구글을 비판할 수 있다. 검색 결과 정렬 알고리즘을 안다면 더 상세한 비판이 가능할 것이다. 하지만 그것은 구글의 비밀이다.

우버Uber는 기존 택시 시스템을 교란하기 시작했다. 우버는 강한 규제 시스템이 택시 서비스 제공자와 사용자를 실망시키는 경우가 너무 많기 때문에 수요에 의해 공급과 가격이 결정되는 자유 시장으로 대체되어야 한다고 주장한다. 우버 요금은 일정하지 않고 심하게 요동친다. 2013년 12월 뉴욕에 눈보라가 심할 때 우버 고객은 갑자기 8배 가까이 뛴 요금을 지불해야 했다. 우버는 이런 일을 '급등 가격책정surge pricing'이라고 부른다. 많은 이들의 비판을 받는 우버 사장 트래비스 캘러닉은 2013년 〈와이어드Wired〉지와의 대담에서 이렇게 말했다. "우버는 가격을 결정하지 않아요. 시장이 가격을 결정합니다. 우리는 시장이 어떠한지 알아내는 알고리즘을 가지고 있고요."

그러나 우버는 1980년대의 공익적 자동차 공유 센터가 아니다. 우버의 알고리즘은 시장을 반영하기만 하는 것이 아니라 시장에 강력하게 개입한다. 매순간의 시장 상황은 서비스 제공자(자가용 운전자)나 고객에게 투명하게 공개되지 않는다. 고객이 휴대전화에서 우버 앱을 열면 고객의 위치를 중심으로 한 지도가 뜨고 작은 자동차들이 움직이는 것이 보인다. 그러나 그것들은 실제 우버 자동차가 아니다. 우버는 그것이 상징적 표현이라는 점을 인정했다. 만약에 지도상에 자동차가 없으면 고객이 다른 교통수단을 선택할 수 있다는 점을 고려한 것이다. 운전자용 우버 앱에 나타나는 지도에서는 특정 구역이 두드러진 색깔로 표시된다. 그 구역에 택시를 기다리는 고객이 많다는 뜻이다. 그러나 이 지도 역시 실제 수요를 보여주는 것이 아니라 알고리즘의 예측을 보여준다.

예측이 훌륭하면 운전자는 수요가 발생하는 순간에, 가령 음악회가 끝났을 때 미리 연주회장 앞에서 대기할 수 있다. 하지만 예측에 오류가 생기면 운전자는 고객을 찾아 거리를 헤매게 된다. 아무튼 중요한 것은 우버가 서비스 제공자와 고객에게 시장 상황을 투명하게 공개하는 대신에 스스로가 관리하는 시장의 환상을 보여준다는 점이다.

안드리아 크라이에는 2014년 〈쉬트도이체 차이퉁〉지에 "법과 마찬가지로 알고리즘도 사람이 작성한다"라고 썼다. "차이점이 있다면 법은 사회의 집단적 발언이라는 점에 있다. 법은 사회적 변화, 특히 가치관에 의해 모양이 잡힌다. 반면에 알고리즘은 기술자에 의해 작성된다. 알고리즘은 사회를 대변하는 것이 아니라 한 단체, 한 회사, 한 정보기관, 또는 알고리즘 자신을 위해 작동한다." 크라이에는 따라서 사회가 알고리즘에 대해서 숙고할 필요가 있다고 지적했다. 그 숙고는 프로그래머가 없어도 할 수 있다. 심지어 알고리즘의 소스코드가 없어도 된다. 블랙박스^{blackbox}조차도 그것이 다양한 입력에 어떻게 반응하는지 살펴보는 방식으로 분석할 수 있다. 미디어학자 니콜라스 디아코풀로스는 이 숙고를 '알고리즘 책임^{algorithmic accountability}'이라는 개념과 관련짓는다(256쪽 참조).

나는 알고리즘에 대한 국가의 감시를 요구하는 것보다는(작가 율리 체는 〈차이트〉지에서 국가가 자동차 검사와 유사한 "알고리즘 검사"를 실시해야 한다고 주장했다) 크라이에의 지적과 같은 시민들의 자발적 활동을 통해 알고리즘에 대한 의식을 일깨우는 쪽이 더 전망이 밝다고 생각한다. 유럽연합의 일부 정치인들이 구글에 알고리즘을 공개하라고 요구하는 것은 비현실적일뿐더러 부당하기까지 하다. 기업의 소중한 자산을 공공에 헌납하라고 강요하는 것은 바람직하지 않은 처사일 테니까 말이다. 그러나 사회에 알고리즘 전문가^{algorithmist}(빅데이터 전문가 빅토어 마이어-쇤베르거가 고안한 용어), 즉 알고리즘을 분석하고 검사하고 평가할 수 있는 전문가가 많을수록 여론도 우리의 삶을 규정하는 알고리즘들의 배후를 더 많이 캐물을 것이다.

아울러 모든 알고리즘에 대한 무차별적 거부 역시 지혜로운 판단과는 거리가 멀 것이다. 크리스토프 쿠클리크는 2015년에 나온 저서 『알갱이 사회 *Die granulare Gesellschaft*』에서 이렇게 말한다. "우리는 컴퓨터가 무엇을 하는지 모른다. 그러므로 우리가 디지털화에 큰 반감을 품는 것은 정당하다. 우리는 속속들이 감시당하지만 거꾸로 그 감시자를 감시하지 못한다." 우리가 (전문가의 도움을 받아서든 그렇지 않든) 알고리즘을 더 많이 감시할수록 컴퓨터가 가진 악령의 인상은 옅어지고 우리는 컴퓨터 프로그램 안에 스며든 이해관계를 더 냉정하게 분석할 수 있게 된다. 또한 알고리즘에게 결정권을 넘기는 대신에 우리가 삶을 간편하게 하는 알고리즘을 스스로 선택할 수 있게 된다.

물론 우리가 손댈 수 없는 알고리즘들도 있지만 최소한 우리는 그것들을 교란할 수 있다. 때로는 우리가 데이터 흔적을 남기는 것을 막을 길이 없지만 그럴 경우에도 혼란스러운 흔적을 만들어낼 수는 있다. 이 작업을 '불명료화^{obfuscation}'라고 한다. 이 단어는 대략적으로 '어둡게 하기' 또는 '안개로 뒤덮기'를 뜻한다. 애드노지엠^{AdNauseam}이라는 프로그램은 사용자가 온라인 작업을 할 때 끼어드는 모든 광고를 클릭함으로써 광고자들이 사용자의 개인적 선호에 대해서 아무것도 알 수 없게 만든다. 트랙미낫TrackMeNot이라는 앱은 구글에 무의미한 질문을 지속적으로 던짐으로써 회사가 사용자 개인에 관한 정보를 수집하는 것을 방해한다. 오프라인 세계에서도 불명료화를 실천할 수 있다. 이를테면 마트에서 소비자들이 적립카드를 서로 교환하는 방법이 있다. 그러면 소비자들은 특별 할인 혜택을 계속 받으면서도 알고리즘을 곤혹스럽게 만들 수 있다. 이런 알고리즘 대항 수법이 풍부하게 담겨있는 책도 이미 나왔다(핀 브런턴, 헬렌 니센바움 공저, 『불명료화: 사생활보호와 저항을 위한 사용자 지침서Obfuscation. A User's Guide for Privacy and Protest』).

그러나 많은 경우에 우리는 알고리즘의 감시를 자청한다. 자가 건강 측정quantified self 운동 참가자들처럼 일상 활동과 생물학적 변수들을 전부 데이터와 측정값의 형태로 저장하고 개인의 식단과 운동 계획을 컴퓨터의 계산에 맡기는 사람은 의식적으로 알고리즘 인생algorithmic life을 선택하는 것이다. 많은 이들이 자신의 생활 계획을 누군가에게 맡기는 것을 편하게 여긴다. 그 누군가는 부모나 고용자, 또는 알고리즘일 수 있다. 그렇게 최적화된 인생이 더 행복한 인생인가 하는 것은 별개의 문제다.

아무튼 향후 몇 년 동안 한 유형의 컴퓨터 프로그램을 특히 주목할 필요가 있다. 이른바 '신경망neural network'이 그것인데 이 명칭은 최근에 '딥러닝deep learning'이라는 키워드와 연결되었다(11장 참조). 신경망을 알고리즘이라고 부를 수 있는지에 대해서는 논란이 있을 수 있다. 신경망은 미리 주어진 프로그램 구조에 따라 평범한 컴퓨터에서 순차적으로 serial 작동하지만 대상을 분류하고 거기에서 규칙성을 찾아내는 법을 스스로 학습한다. 그리고 그 규칙성은 고전적인 알고리즘에서와 달리 명시적으로 제시되지 않는다. 심지어 프로그래머조차도 신경망이 어떤 규칙성을 찾아냈는지 알 수 없다. 이런 신경망이 미래의 스마트 기계들을 조종하게 될 것이다. 자율 주행 자동차, 번역기, 디지털 개인 비서 등을 말이다. 신경망이 머지않아 우리보다 높은 지능을 가지게 될지를 놓고 당장 상상의 나래를 펼칠 필요는 없다. 그러나 신경망은 우리가 고작 짐작만 할 수 있는 규칙에 따라서 우리 삶에 점점 더 많이 개입하게 될 것이다.

이 책에서 다루는 알고리즘에 대해서 몇 마디 덧붙이고자 한다. 대중을 겨냥한 책은 너무 어려운 내용을 다룰 수 없다. 이 책의 많은 장에서 몇 년 또는 몇 십 년 묵은 알고리즘이 예로 등장하는 것은 난이도의 한계 때문이다. 그 알고리즘들은 대개 해당 유형의 원조이며 더 복잡한 수많은 유사 알고리즘들의 기초가 되었다. 요컨대 그것들은 해당 분야에서 쓰이는 수많은 알고리즘을 대표한다. 나는 현재와 미래에 우리의 일상에 영향을 미칠 가장 중요한 알고리즘들을 선별하려 했다. 수학자의 관점에서 획기적이라고 할 만한 몇몇 알고리즘은 제외되었다. 가령 특정 연립방정식들을 푸는 속도를—무어의 법칙에 따르면 2년마다 2배로 향상되는(31쪽 참조)—하드웨어의 계산 성능 향상보다 더 빠르게 향상시킨 알고리즘들이 제외되었다.

이 책은 우리를 위협하는 알고리즘에 대항하는 선언문이 아니지만 알고리즘의 어두운 면을 보지 않고 알고리즘이 가져오는 축복만을 찬양하는 책도 아니다. 나는 간단한 대답을 내놓을 수 없다. 나는 새로운 세상에서 우리가 더 주권자답게 살아가는 데 교양이 도움을 줄 수 있다고 확신한다. 알고리즘의 기초는 학교 교과과정에도 들어 있으며 간단한 프로그래밍 능력을 갖추는 것이 해로울 리는 없다. 매일 마주치는 알고리즘들을 우리가 더 많이 알게 될수록, 우리는 그것들 앞에서 무력감을 덜 느끼게 된다. 그리고 우리는 덜 예측 가능한 존재가 된다.

1장
계산:
목표를 향해 한걸음씩

"아스파라거스 500그램의 껍질을 벗겨서 15분 동안 삶은 다음에 적당히 썬다. 머리 부분은 제쳐두고 나머지는 믹서로 간다. 그렇게 만든 아스파라거스 죽을 고운체로 마지막 한 방울까지 거른다…."

볼프람 지베크는 몇 십 년 전부터 〈차이트〉지에 요리에 관한 글을 기고한다. 수많은 열광적인 팬들이 그의 요리법(위 인용문은 '파프리카 소스와 아스파라거스 파이 요리법'의 일부)을 따라 한다. 지베크는 표현이 풍부한 문체를 좋아하며 1인칭 관점을 자주 사용한다. "그 작고 놀라운 작품들은 약간 창백하게 보인다. 그래서 나는 미리 접시 위에 빨간 파프리카 소스를 부어놓았다. 소스를 만든 방법은 이러하다…." 그러나 그의 산문에서 논리적 뼈대만 추려서 보면 그가 소개하는 모든 요리법 각각은 하나의 알고리즘이다.

알고리즘이란 각 단계가 명료하게 정의되어 있는 지시들의 계열이다. 그러니까 요리법과 다를 바 없다. 지베크의 요리법을 따라 하려는 독자는 어떤 단계에서도 창의성을 발휘할 필요가 없다. 그저 완고하게 지베크의 지시를 따르기만 하면 필연적으로 맛있는 요리가 만들어진다.

지베크의 글을 유사시에 로봇 요리사가 실행할 수 있는 알고리즘으로 변환하려면 우선 그 글을 형식 언어로 번역해야 한다. 예컨대 흐름도가 그런 형식 언어의 구실을 할 수 있다. 나는 고생을 마다하지 않고 요리법의 일부(소스는 제외)를 흐름도로 번역했다.

벌써 이 예에서 알고리즘의 몇 가지 속성을 알 수 있다.

– 알고리즘은 시작과 끝이 있다. 이것은 너무 뻔한 얘기로 들릴 수도 있겠지만 전혀 그렇지 않다. 예컨대 지베크의 글을 보면 "그래서 나는 미리… 부어놓았다"라는 대목이 나온다. 이 대목은 파프리카 소스를 결과물로 산출한 또 하나의 지시 계열이 있었음을 의미한다. 반면에 알고리즘은 단 하나의 출발점을 가진다. 따라서 알고리즘을 작성하는 사람은 지시 계열 속 어딘가에 파프리카 소스 제조를 집어넣어야 한다. (단 한 명의 요리사가 음식을 만든다면 실제 상황에서도 마찬가지다. 요리사는 한 번에 하나의 일만 할 수 있다. 그래서 나는 요리법 중간에 무언가를 벌써 해놓았어야 한다는 말이 나오면 강한 반감을 느낀다!)

– 알고리즘은 유한하게 많은 지시들로 이루어진다. 하지만 반드시 유한하게 많은 단계들을 거쳐서 끝에 도달하는 것은 아니다! 우리는 이 사실을 곧 확인하게 될 것이다.

– 각 단계는 명확하게 정의된 명령이다. 혹은 최소한 그런 명령인 것이 바

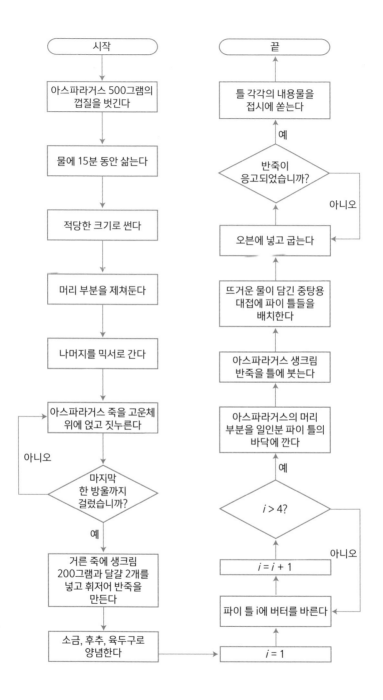

시작

아스파라거스 500그램의 껍질을 벗긴다

물에 15분 동안 삶는다

적당한 크기로 썬다

머리 부분을 제쳐둔다

나머지를 믹서로 간다

아스파라거스 죽을 고운체 위에 얹고 짓누른다

마지막 한 방울까지 걸렀습니까?

아니오

예

거른 죽에 생크림 200그램과 달걀 2개를 넣고 휘저어 반죽을 만든다

소금, 후추, 육두구로 양념한다

끝

틀 각각의 내용물을 접시에 쏟는다

예

반죽이 응고되었습니까?

아니오

오븐에 넣고 굽는다

뜨거운 물이 담긴 중탕용 대접에 파이 틀들을 배치한다

아스파라거스 생크림 반죽을 틀에 붓는다

아스파라거스의 머리 부분을 일인분 파이 틀의 바닥에 깐다

예

$i > 4$?

아니오

$i = i + 1$

파이 틀 i에 버터를 바른다

$i = 1$

람직하다. 요리법 흐름도에서 두 가지 예를 보자. "소금, 후추, 육두구 nutmeg로 양념한다"라는 명령은 양념의 양에 대한 지시를 포함하고 있지 않다. 따라서 요리를 망칠 가능성이 충분히 열려 있다. 오븐에 굽는 단계에서도 온도에 대한 지시가 없다. 틀림없이 있어야 하는 지시인데도 말이다.

— 대개는 한 명령에 이어서 다음 명령이 나온다. 그러나 몇몇 지점에서는 흐름도가 갈라진다. 마름모꼴 테두리로 감싼 질문이 등장하는 대목이 그런 지점이다. 거기에서는 특정한 조건이 충족되었는지 여부가 검사된다. 대답이 '예'라면 다음 단계가 이어지고 '아니요'라면 한 단계 이상 뒤로 돌아간다. 우리의 요리 알고리즘에서 요리사는 아스파라거스 죽을 체로 거르면서 마지막 한 방울까지 체를 통과했는지를 일정한 시간 간격으로 점검해야 한다. 또 반죽을 오븐에 넣은 후 적당히 응고될 때까지 구워야 한다. (당연한 말이지만, 실제로는 오븐을 가동한 후 1분마다 점검하는 것보다 최소한 30분이 경과한 후에 점검하는 것이 바람직하다.) 한 질문에는 1부터 4까지의 숫자가 등장한다. 얼핏 복잡해 보이는 그 대목의 의미는 간단히 말하자면 일인분 파이 틀 4개에 버터를 바르라는 것이다. "틀 각각의 내용물을 접시에 쏟는다"라는 지시도 원한다면 이런 식으로 복잡하게 표현할 수 있다.

지시들이 일상 언어로 되어 있기 때문에 여전히 오해의 여지가 충분히 있다. 한 예로 오븐을 미리 켜서 달궈놓아야 한다는 지시가 어디에도 없다. 누군가는 "오븐에 넣고 굽는다"가 이 단계들을 포함한 하위프로그램이라고 주장할 수 있다. 오븐을 전혀 모르는 사람은 이 단계를 간과할 것이다. 그러면 반죽은 차가운 오븐 속에 덩그러니 놓일 테고 "반죽이 응고되었습니까?"라는 질문의 답은 영원히 "아니오"일 것이다. 따라서 프로그램은 한없이 뺑뺑이를 돌면서 영영 끝점에 이르지 못할 것이다. 이런 일은 잘못 프로그램된 컴퓨터 알고리즘에서도 가끔 발생한다. 이를 프로그램의 단절^{hang-up}이라고 한다.

더 나아가 우리는 현실 세계에서 살고 자연물인 식재료는 완벽하게 규격화되어 있지 않으므로 당연히 다른 대목에서도 문제가 발생할 수 있다. 그러나 그런 문제를 제쳐놓으면 지베크의 요리법은 상당히 탄탄해서 바보라노 실행할 수 있다고 할 만하다.

이처럼 '바보라도 실행할 수 있음^{fool-proof}'이라는 속성은 모든 알고리즘의 본질이다. 이상적인 알고리즘은 해석의 여지를 남겨놓지 않는다. 매순간 무엇을 하고 그 다음에 무엇을 할지가 명확하게 지시된다. 실행자는 (사람이든 컴퓨터든 상관없이) 특별한 지능을 보유할 필요가 없다. 그냥 지시들을 읽고 정확하게 실행할 수 있으면 충분하다. 이케아 책꽂이 조립법은 알고리즘이다. 조립된 책꽂이에서 금세 문제가 발생한다면 그것은 알고리즘 탓이 아니라 구매자가 조립 단계들을 올바로 실행하지 않은 탓이다. 적어도 이케아 측은 그렇게 주장할 것이다.

알고리즘은 경우에 따라 수나 철자와 같은 추상적인 대상을 다루지만 컴퓨터 프로그램과는 다르다. 알고리즘은 명확하게 정의된 과정의 일반적 구조다. 반면에 컴퓨터 프로그램은 알고리즘을 컴퓨터가 이해할 수 있는 언어로 번역한 결과물이다.

따라서 알고리즘은 항상 강제성을 띤다. 똑같은 초기조건에서 알고리즘을 실행하면 항상 똑같은 결과가 나온다. 이 때문에 알고리즘은 이른바 '루브 골드버그 장치Rube Goldberg machine'와 비슷한 구석이 있다. 어쩌면 당신도 영화에서 루브 골드버그 장치를 본 적이 있을 것이다. 공이 시소로 떨어지고, 시소가 도미노 패 하나를 쓰러뜨리고, 이어서 완벽하게 설계되었으며 때로는 예상을 훌쩍 뛰어넘는 온갖 사건들의 연쇄가 일어난다. 하지만 물리적 조건을 정확하게 통제하면 매번 똑같은 일이 벌어진다.

루브 골드버그 장치는 우리를 매혹한다. 왜냐하면 그것은 얼핏 보면 혼란스럽게 작동하지만 시계장치 같은 정확성을 갖추었기 때문이다. A면 B다. B면 C다. 계속 이런 식이다. 예측 불가능한 세계 안에서 이런 완벽한 질서를 구현하다니!

추상적인 규칙을 따른다고 해서 모두 다 알고리즘인 것은 아니다. 체스는 매우 형식화되고 유한한 시스템이며 고도로 추상적이다. 그럼에도 체스는 알고리즘이 아니다. 체스에서는 한 행마에 이어서 반드시 특정 행마가 실행되지 않는다. 항상 플레이어가 다음 행마를 결정해야 한다.● 그러나 체스를 두는 알고리즘을 개발하는 것은 당연히 가능하다. 그 알고리즘은 매순간 다음 행마를 계산한다. 이를테면 모든 가능한 행마들을 나열하고 각 행마의 가치를 특정한 시스템에 따라 평가한 뒤 가장 가치가 높은 행마를 선택하는 방식으로 말이다.

● 오랫동안 체스를 둔 노련한 플레이어는 말이 특정하게 배치될 경우 거의 자동으로 반응하게 된다. 이는 자동차 운전자가 클러치, 브레이크, 가속페달을 무의식적으로 밟는 것과 마찬가지다. 이런 자동화된 행동은 이른바 몰입flow 상태로 이어질 수 있다. 몰입 상태에서 우리 몸은 알고리즘적으로 행동하고 우리의 의식과 정신은 행동에서 풀려나 자유롭게 떠돌 수 있다.

알고리즘이 간단한 단계들로 구성된다는 것은 틀림없는 사실이지만 가장 단순한 알고리즘도 복잡한 결과를 산출할 수 있다. 수학에서는 이 사실을 프랙털에서 확인할 수 있다. 매우 단순한 규칙에서 무한히 가지를 뻗은 프랙털이 나온다. 예들 들어 유명한 망델브로 집합은 수 x가 주어지면 $x^2 + c$(c는 상수)를 계산하는 함수에서 나온다. 많은 경우에 우리는 알고리즘의 산물을 보면서 이렇게 생각한다. 저 배후에는 지능이나 창의성이 숨어 있는 것이 틀림없어! 그러나 실제로 배후에 있는 것은 간단한 명령 몇 개뿐이다. 우리는 다음 장들에서 이 사실을 여러 번 확인하게 될 것이다.

알고리즘이 예술 작품을 생산할 수도 있을까? 적어도 예술을 복사할 수는 있다. 가령 악보는 기본적으로 알고리즘에 불과하다. 악보는 어떤 음을 어떤 순서로 내야 하는지 정확하게 알려준다. 왈츠 악보에 기초해서 뮤직박스의 실린더를 제작하면 뮤직박스는 그 왈츠를 얼마든지 반복해서 기계적으로 연주한다.

이렇게 문제를 제기하는 독자도 있을 것이다. '잠깐, 그건 음을 순전히 기계적으로 재생하는 것에 불과하잖아. 거기엔 감정도 없고 해석도 없다고.' 맞는 말이다. 인간 피아니스트는 음을 내면서 무언가를 덧붙인다. 건반을 내리치는 힘을 조절하기도 하고 시점을 늦추거나 앞당기기도 한다. 이 모든 것을 전자공학적으로 (이른바 미디-소프트웨어 Midi-Software를 써서) 기록해두고 언제든지 재생할 수 있다. 하지만 이것은 녹음된 연주를 재생하는 것과 근본적으로 다를 것이 없다. 그러나 지금은 음악 재생에 '인간적 요소를 집어넣는 소프트웨어도 있다. 그 소프트웨어는 음을 수학적으로 정확하게 재생하지 않고 길이와 세기를 약간씩 바꾸면서 재생한다. 심지어 빈 대학교의 과학자들은 유명 피아니스트들의 해석적 연주에서 각자의 고유한 "지문(指紋)"을 분석했다. 언젠가 우리는 특정한 곡을 들으려 할 때 누구의 스타일로 해석한 연주를 들을 것인지 마음대로 선택할 수 있게 될지도 모른다. 우리가 선택하면 나머지 일은 알고리즘이 알아서 할 것이다.

요컨대 알고리즘의 산물에 깃든 기계적 성격은 외견상으로 드러나지 않을 수도 있다. 계산 결과가 항상 계산된 것처럼 보이는 것은 아니다. 이것은 우리가 이 책에서 살펴볼 알고리즘의 대다수가 가지고 있는 특징이다. 그 프로그램들의 출력은 우리가 보기에 거의 인간적으로 느껴진다. 그 프로그램들은 개인에게 어울리는 파트너를 찾아주고, 우리의 취향에 맞게 뉴스들을 선별하고, 우리에게 책을 추천하고, 우리를 친구들과 연결해준다. 그것들은 인간처럼 (또는 인간보다 더 우수하게) 체스를 두고, 거의 완벽한 독일어로 우리와 대화하고, 그림 속 대상이 무엇인지 알아본다. 하지만 알고리즘이 이 모든 일을 하는 것은 인간이 하는 것과 정말로 똑같을까? 실제로 우리는 그토록 계산 가능한 존재일까? 우리는 여전히 무언가 계산 불가능한 구석을 가지고 있을까? 우리는 책의 막바지에 이 질문들로 돌아올 것이다.

계산에 대해서 어느 정도 반감을 품는 것은 수학과 동떨어진 분야에 종사하는 사람들에 국한된 반응이 아니다. 1970년대 말까지만 해도 수학은 양 진영으로 갈라져 있었으며 둘 사이에는 상당히 깊은 간극이 있었다. 한편에는 "순수" 수학자들이 있었다. 그들은 종이와 연필, 칠판과 분필을 써서 연구했으며 복잡한 정리의 증명을 추구했다. 다른 한편에 있는 "응용" 수학자들은 당시까지 여전히 거대했던 컴퓨터를 위한 계산 절차를 개발하려 애썼다. 순수 수학자들은 응용 수학자들을 약간 얕잡아보기 일쑤였다. "그 사람들은 그저 계산만 하잖아!"

나도 당시에는 응용 수학을 그다지 좋아하지 않았다. 증명을 발견하는 일은 창조적인 작업이며, 이 작업을 위한 요리법은 없다. 하지만 그 시절에 내가 깨닫지 못했던 것이 있다. 알고리즘은 요리법이더라도 알고리즘을 발견하는 작업은 이론적 증명을 발견하는 작업과 똑같은 정도로 창조적인 활동이라는 사실이다. 지도상의 두 지점을 잇는 최단 경로를 알아내는 문제를 예로 들어보자. 고루한 순수 수학자가 보기에 이 문제를 푸는 작업은 누워서 떡 먹기처럼 쉽고 하찮았다. 간단히 A와 B를 잇는 모든 가능한 경로들을 살펴보면서 최단 경로를 찾아내면 된다. 충분히 복잡한 지도에서는 이 작업을 수행하는 것이 사실상 불가능하다는 점은 순수 수학자의 관점에서 그리 중요하지 않았다. 중요한 것은 원리였다.

그러나 적당한 시간 안에 최단 경로를 찾아내는 알고리즘을 개발하는 일은 지적으로 매우 어려운 과제다(3장 참조). 거꾸로 현대적인 암호화 알고리즘은 큰 수를 소인수로 (우주가 종말을 맞기 전에) 분해하는 절차가 현재까지 개발되어 있지 않다는 점에 기반하고 있다. 알고리즘이 얼마나 많은 계산 시간을 요구하느냐는 알고리즘에 항상 따라붙는 질문이다.

컴퓨터가 계속 빨라지는 마당에 이것이 관심을 둘 만한 질문일까? 나는 이미 앞에서 무어의 법칙을 언급했다. 무어의 법칙은 인텔사의 기술자 고던 무어가 제시한 경험적 법칙이다. 이 법칙에 따르면 칩 하나에 탑재되는 트랜지스터의 개수는 2년마다 2배로 증가한다. 그 개수가 증가하는 만큼 칩의 저장 용량과 계산속도가 향상된다. 1965년에 무어가 제시한 이래로 그 법칙은 항상 옳았다. 오늘날의 컴퓨터는 계산속도가 당시 컴퓨터보다 1000만 배 넘게 빠르다. 1990년대에 슈퍼컴퓨터 한 대가 보유했던 계산 성능을 지금은 휴대전화 한 대가 보유하고 있다. 사정이 이런데 알고리즘의 효율성에 신경을 쓸 필요가 있을까?

많은 사람들은 모르지만 컴퓨터 하드웨어의 엄청난 지수적 발전은 소프트웨어 작동속도의 (종종 더 큰) 가속과 함께 일어났다. '프라운호퍼 과학 계산 및 알고리즘 연구소 Fraunhofer SCAI'가 펴낸 한 출판물에서 나는 다음과 같은 숫자들을 발견했다. 1985년에서 2005년까지, 그러니까 20년 동안 컴퓨터 프로세서는 4000배 더 빨라졌다. 이는 옛 컴퓨터에서 실행시간 runtime이 56시간이었던 어떤 알고리즘을 새 컴퓨터에서는 겨우 50초 만에 실행할 수 있다는 뜻이다. 그러나 2005년에는 그 과거의 알고리즘을 입수할 길이 없었다. 당시 사람들은 20년 전에 사용했던 알고리즘보다 2만 배 빠른 새로운 알고리즘을 사용하고 있었다. 이것은 새로운 알고리즘을 옛 하드웨어에서 실행하면 실행시간이 겨우 10초라는 뜻이다. 새 컴퓨터에서 옛 알고리즘을 실행하는 데 드는 시간보다 옛 컴퓨터에서 새 알고리즘을 실행하는 데 드는 시간이 더 짧았다. 연구자들은 새 알고리즘을 새 하드웨어에서 실행했고 실행시간은 겨우 0.1초였다. 결론적으로 20년 만에 컴퓨터의 작동속도가 200만 배 빨라진 셈이었다. 그리고 소프트웨어, 즉 알고리즘의 개량이 이 향상에 더 크게 기여했다.

그러므로 수학자와 정보학자는 실행시간이 최대한 짧은 알고리즘에 관심을 기울인다. 실행시간은 특정 컴퓨터에서 측정되는 것이 아니라 일반적으로 정의 가능한 형태로 측정된다. 특히 중요한 관심사는 입력되는 수가 커질 때 실행시간이 어떻게 변화하는지다. 예컨대 입력이 4자리 수에서 8자리 수로 바뀌면 실행시간은 2배로 증가할까, 아니면 4배 혹은 더 급격하게 증가할까? 이 증가를 억누르는 일은 알고리즘 개발자의 가장 중요한 과제들 가운데 하나다.

한 예로 곱셈을 보자. 우리는 컴퓨터가 기본연산 중 하나인 곱셈을 아무리 큰 수에 대해서라도 순식간에 해낸다는 것을 익히 알고 있다. 그래서 지금도 새로운 곱셈 알고리즘이 연구되고 있다는 사실은 일부 독자에게 놀랍게 느껴질 것이다. 평범한 곱셈에서는 컴퓨터도 우리가 학교에서 배운 계산법을 사용한다. 그러나 때때로 수학자들은 엄청나게 큰 수들을 곱해야 한다. 만일 10억 자리 수 두 개를 곱한다면 최신 컴퓨터를 쓰더라도 곱셈에 몇 주가 걸릴 수 있다. 반면에 최신 곱셈 알고리즘은 그 곱셈을 2분 내에 해낸다.

우리는 여러 자리 수 두 개, 이를테면 5134와 2674의 곱을 어떻게 계산할까? 대다수 사람들은 아래와 같은 방식으로 계산한다.

$$5134 \times 2674$$

$$
\begin{array}{r}
10268 \\
30804 \\
35938 \\
20536 \\
\hline
13728316
\end{array}
$$

즉, 우리는 오른쪽 수의 첫째, 둘째, 셋째, 넷째 자리 수 각각을 왼쪽 수에 곱하고 한 자리씩 옮겨가면서 그 결과를 적는다. 자리를 옮기는 것은 10의 자리 수, 100의 자리 수, 1000의 자리 수 등이 세로로 나란히 놓이도록 만들기 위해서다. 그런 다음에 그 결과를 덧셈한다. 이 작업을 실행하기 위해 필요한 지식은 구구단과 덧셈뿐이다.* 우리는 기초적인 곱셈을 총 16회, 기초적인 덧셈을 총 12회 수행한다. 정보학자들이 가장 중시하는 것은 곱셈 횟수다. n자리 수 두 개를 곱하기 위해서 필요한 기초 곱셈의 개수는 n^2이다.

그러나 세계 모든 곳에서 이런 식으로 곱셈을 하는 것은 아니다. 일본에는 그림을 이용한 곱셈법이 있다. 이 방법을 이용한 곱셈은 놀랄

16 × 11

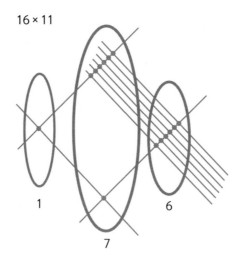

1
7
6

• 컴퓨터의 깊숙한 내부에서 계산은 십진법이 아니라 이진법으로 이루어진다. 이진법은 숫자 0과 1만 사용한다. 이진법 곱셈에 필요한 구구단은 $1 \times 1 = 1$, $1 \times 0 = 0$, $0 \times 0 = 0$이 전부다.

만큼 간단히 완수될 때가 많다. 선을 몇 개 긋고 숫자 몇 개를 적으면 곧바로 결과가 나온다. 구구단을 외울 필요도 없다. 예컨대 16 곱하기 11은 34쪽의 그림처럼 계산된다.

우선 두 수의 각 자리 숫자만큼 대각선을 긋는다. 그런 다음에 세로로 길쭉한 집합 3개를 구분하고 그 집합에 속한 교차점의 개수를 센다. 그 개수가 곱셈 결과의 각 자리 숫자다. 결론적으로 위 곱셈의 결

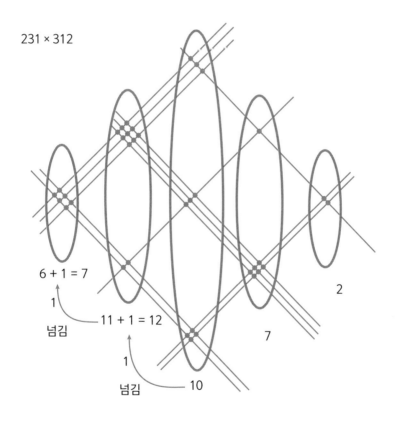

231 × 312

6 + 1 = 7

1

넘김

11 + 1 = 12

1

넘김 ——— 10

2

7

72072

과는 176이다.

하지만 인터넷에 널리 퍼진 예들은 항상 아주 작은 숫자만 다룬다. 더 큰 숫자가 등장하는 곱셈, 예컨대 6 곱하기 7을 이런 식으로 하려면 벌써 교차점 42개를 세어야 한다. 그러느니 차라리 구구단을 외우는 편이 어쩌면 더 실용적일 것이다. 게다가 교차점의 개수가 10을 넘으면 이 방법은 상당히 불편해진다. 이 경우에는 일본인도 '넘김'을 해야 한다. 비교적 작은 숫자로 이루어진 3자리 수 두 개를 곱할 때에도 넘김은 거의 불가피하다(35쪽 그림).

과연 이 방법이 우리가 학교에서 배운 곱셈법보다 더 간단할까? 나는 의심스럽다. 그러나 곱셈을 구구단 없이 놀랄 만큼 간단하게 해내는 방법이 실제로 있다. 이른바 '러시아 농부 곱셈법'이 그것이다. 이 방법을 사용하려면 덧셈 외에 두 가지 연산만 익히면 된다. '곱하기 2'와 '나누기 2'가 그것이다. 앞에서 예로 든 5134 곱하기 2674를 러시아 농부 곱셈법으로 계산하는 과정은 아래와 같다.

5134	×	2674
2567		5348
1283		10696
641		21392
320		~~42784~~
160		~~85568~~
80		~~171136~~
40		~~342272~~
20		~~684544~~
10		~~1369088~~

```
5    2738176
2    5476352
1   10952704
    ─────────
    13728316
```

이 알고리즘이 작동하는 방식은 이러하다. 왼쪽 수는 계속 반복해서 2로 나눈다. 몫이 정수가 아닐 때는, 소수점 이하를 버린다. 이 작업은 1이 몫으로 나올 때까지 계속된다. 거기에 맞춰 오른쪽 수에는 반복해서 2를 곱한다. 그런 다음에 왼쪽 열에 짝수가 나오면 그 오른 쪽에 나란히 놓인 수를 지운다. 이어서 오른쪽 열에 남은 수들을 모두 더하면 곱셈 결과가 나온다. 왜 그런지 당신은 설명할 수 있겠는가?

러시아 농부 곱셈법은 더 간단할지 몰라도 계산 단계의 개수를 줄이지는 못한다. 계산 단계를 줄이기 위해서 세 번째 방법으로 이른바 '카라추바 알고리즘Karatsuba algorithm'을 살펴보자. 이 곱셈법은 1960년에 러시아 수학자 아나톨리 알렉세예비치 카라추바가 개발했다. 5134 곱하기 2674를 카라추바 알고리즘으로 계산하려면 이 네 자리 수들을 각각 두 자리 수 두 개로 분리해야 한다. 즉 5134를 51|34로, 2674를 26|74로 분리해야 한다. 그런 다음에 새로운 수 3개를 만든다.

$a = 51 \times 26 = 1326$

$b = 34 \times 74 = 2516$

$c = (51 + 34) \times (26 + 74) = 85 \times 100 = 8500$

마지막으로 아래 계산을 하면 곱셈 결과가 나온다.

$$5134 \times 2674 = a \times 10000 + (c - a - b) \times 100 + b =$$
$$13260000 + 465800 + 2516 = 13728316$$

이 모든 과정에서 기초 곱셈은 (a, b, c를 계산할 때) 13회만 수행된다. 나머지는 덧셈이다.

통상적인 곱셈법과 카라추바 알고리즘의 효율성은 크게 다를까? 큰 수들을 곱할 때는 사뭇 다르다. 학교에서 배우는 곱셈법을 쓰면 n자리 수 두 개를 곱할 때의 계산시간이 n^2에 비례하는 반면, 카라추바 알고리즘을 쓰면 $n^{1.58}$에 비례한다. 이 차이는 얼마나 클까? 곱해지는 두 수 각각이 100만 자리 수라고 해보자. 그러면 통상적인 곱셈법에서는 1조 회의 기초 곱셈을 수행해야 하는 반면, 카라추바 알고리즘에서는 약 30억 회만 수행하면 된다. 따라서 카라추바 알고리즘이 300배 정도 더 빠르다.

다음 장들에서 살펴볼 알고리즘들 중 대다수는 빅데이터 시대에 엄청나게 많은 데이터를 처리한다. 그 알고리즘들이 수행하는 개별 연산 각각은 간단하고 시시해 보이더라도 그런 연산을 다 수행하려면 개별 단계의 총수가 충분히 많아져서 알고리즘 실행시간이 중요해진다.

"진짜" 계산과 전혀 무관한 연산은 특히 시시하게 느껴진다. 예를 들어 목록에 등재된 항목의 순서를 정리하는 것과 같은 단순한 작업이 그렇다. 당신이 이름을 알파벳순으로 정렬할 때 어떤 방법을 쓰는지 생각해본 적이 있는가? 컴퓨터는 알파벳순 정렬을 끊임없이 해야 하는

데 매우 많은 알고리즘이 이 작업을 다양한 효율로 수행하고 있다.

예를 하나 들어보자. 당신은 CD로 음악을 듣는 세대에 속한다. 현재 당신의 보관함에는 CD 10장이 무작위한 순서로 꽂혀 있다. 그리고 당신은 그것들을 연주자 이름에 따라서 알파벳순으로 정렬하려 한다. 당신이 보유한 CD들은 다음과 같다.

우리는 연주자의 성을 분류의 기준으로 삼으려 한다. 따라서 브루스 스프링스틴^{Bruce Springsteen}은 S로 간주된다. 밴드의 이름에서는 정관사를 무시할 것이다. 따라서 비틀스^{The Beatles}는 B로 간주된다. 동일한 연주자(이 경우에는 비틀스)의 CD들은 무작위한 순서로 놓여도 된다.

대다수 사람들은 별다른 고민 없이 '선택 정렬^{selection sort}' 방법을 채택한다. 즉, 모든 CD들을 훑어보면서 알파벳순으로 맨 앞에 놓일 CD를 찾아낸다. 우리의 예에서 그 CD는 아바^{ABBA}의 음반이다. 우리는 이 음반을 맨 앞으로 옮겨놓는다. 그러면 나머지 음반들은 자동으로 한 칸씩 뒤로 밀려난다. 그런데 컴퓨터에서 이를 구현하기는 매우 번거로울 것이다. 왜냐하면 모든 저장 장소 각각에 새로운 정보를 기입해야 할 테니까 말이다. 그래서 우리는 아바와 1번 위치에 놓인 CD인 데이비드 보위만 맞바꾼다.

데이비드 보위 '더 넥스트 데이'	폴리스 '젠야타 몬다타'	브루스 스프링스틴 '본 인 더 유에스에이'	마일스 데이비스 '스케치스 오브 스페인'	비틀스 '렛 잇 비'
1	2	3	4	5
아바 '워털루'	비틀스 '러버 소울'	다이히킨트 '아르바이트 넬프트'	샤데이 '다이아몬드 라이프'	린킨 파크 '메테오라'
6	7	8	9	10

이제 아바의 위치는 확정되었고 우리는 남은 CD 9장을 가지고 똑같은 작업을 한다. 즉, 알파벳순으로 아바 다음에 놓일 CD를 찾아낸다. 그것은 처음 마주치는 비틀스 음반 '렛 잇 비'다. 우리는 이 CD와 2번 위치의 폴리스를 맞바꾼다.

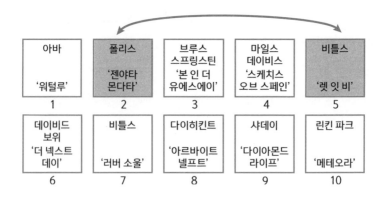

아바 '워털루'	폴리스 '젠야타 몬다타'	브루스 스프링스틴 '본 인 더 유에스에이'	마일스 데이비스 '스케치스 오브 스페인'	비틀스 '렛 잇 비'
1	2	3	4	5
데이비드 보위 '더 넥스트 데이'	비틀스 '러버 소울'	다이히킨트 '아르바이트 넬프트'	샤데이 '다이아몬드 라이프'	린킨 파크 '메테오라'
6	7	8	9	10

이것은 어쩌면 가장 간단한 정렬 방법이겠지만 또한 가장 번거로운 방법이기도 하다. 매 단계에서 우리는 첫째 CD와 나머지 모든 CD들을 비교한다. 따라서 총 9 + 8 + 7 + 6 + 5 + 4 + 3 + 2 + 1 = 45회의 비교가 이루어지고 두 CD를 맞바꾸는 작업이 (첫째 자리에 놓일 CD가 이미 그 자리에 있는 행운이 발생하지 않는다면) 최대 9회 이루어진다. CD n개를 정렬한다면 총 $n(n-1)/2 = (n^2-n)/2$회의 비교를 수행해야 한다. 수학자들은 세부사항에는 관심이 없기 때문에 이를 다음과 같이 표현한다. '이 알고리즘의 복잡도는 n^2차$^{order of\ n^2}$다.'

일부 사람들은 약간 너 녕리한 방법인 '삽입 정렬$^{insertion\ sort}$' 방법을 쓴다. 이 방법을 쓰는 사람은 매번 CD 배열 전체를 훑어보는 대신에 CD을 하나씩 차례로 올바른 위치에 끼워넣는다. 구체적으로 설명하면 아래와 같다.

우리는 둘째 CD(폴리스)와 첫째 CD(데이비드 보위)를 비교하고 그 순서가 올바르다는 것을 확인한다. 셋째 CD(브루스 스프링스틴)도 앞의 CD들과 비교할 때 옳은 위치에 있다. 다음 CD는 마일스 데이비스인데, 이 CD는 보위와 폴리스 사이에 놓여야 알파벳 순서가 맞는다. 따라서 이 CD가 2번 위치로 가고 다른 CD 2장은 한 칸씩 뒤로 밀린다 (42쪽 그림).

이로써 우리는 CD 4장을 올바른 순서로 정렬했다. 다음 CD인 비틀스는 맨 앞으로 옮겨진다. 이런 식으로 정렬 작업을 계속하면 결국 모든 CD들의 순서가 올바르게 된다.

삽입 정렬 방법에서는 얼마나 많은 연산을 수행해야 할까? 우리의 예에서는 30회의 비교가 필요하다. 선택 정렬에서와 달리 삽입 정렬에

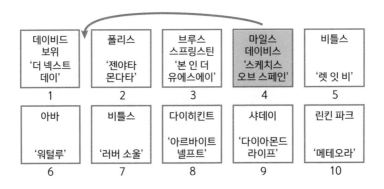

데이비드 보위 '더 넥스트 데이'	폴리스 '젠야타 몬다타'	브루스 스프링스틴 '본 인 더 유에스에이'	마일스 데이비스 '스케치스 오브 스페인'	비틀스 '렛 잇 비'
1	2	3	4	5
아바 '워털루'	비틀스 '러버 소울'	다이히킨트 '아르바이트 넬프트'	샤데이 '다이아몬드 라이프'	린킨 파크 '메테오라'
6	7	8	9	10

서는 일을 줄일 수 있다. 최선의 경우(CD들이 이미 완벽하게 정렬되어 있는 경우)에 우리는 모든 CD 각각을 한 번씩만 들여다보며 바로 앞 CD와 비교함으로써 그것의 자리가 올바름을 확인하는 것으로 정렬 작업을 마치게 된다. 이 경우에 필요한 비교 횟수는 9회, CD가 n장 있다면 $n-1$회다. 오직 CD들이 정확히 알파벳 역순으로 배열된 최악의 경우에만 삽입 정렬에 필요한 비교의 횟수와 선택 정렬에 필요한 비교의 횟수가 같아진다. 요컨대 삽입 정렬 알고리즘의 복잡도는 최선의 경우 n차, 최악의 경우 n^2차다. 최선의 경우와 최악의 경우 사이의 격차는 퍽크다. 정렬할 대상이 100개라면, 최소 약 100회에서 최대 약 1만 회의 비교가 필요하다. 아쉽게도 "일반적인 경우"에는 삽입 정렬 알고리즘도 복잡도의 차수가 n^2이다. 수학자들이 말하는 "일반적인 경우"가 무엇인지에 대한 설명은 생략하겠다.

컴퓨터에서는 더 복잡한 정렬 알고리즘이 쓰이는데, 그중 하나를 소개하고자 한다. 이른바 '빠른 정렬quick sort'이 그것이다. 이 알고리즘은 '분할 정복divide and conquer' 전략에 따라서 작동한다. 무슨 말이냐면 빠른 정렬 알고리즘은 큰 문제 하나를 덜 복잡한 작은 문제 여러 개로 나눈다. 이런 알고리즘의 한 예로 우리는 카라추바 알고리즘을 이미 접한 바 있다. 그 알고리즘에서는 네 자리 수 2개 각각이 두 자리 수 2개로 분할되고 실제로는 두 자리 수들만 곱셈되었다.

빠른 정렬에서 첫 단계는 이른바 '축 원소pivot element'를 선정하는 것이다. 단순한 논의를 위해 우리의 예에서 마지막 CD인 린킨 파크의 음반을 축 원소로 선정하자. 그 CD는 일단 고정된다. 나머지 CD 9장은 두 집단으로 나뉜다. 알파벳 순서에서 린킨 파크보다 앞서는 CD들이 한 집단, 뒤서는 CD들이 또 다른 집단을 이룬다. 집단 분류는 구체적으로 다음과 같이 진행된다. 우리는 축 원소에서 왼쪽으로 한 칸씩 이동하되, 알파벳 순서에서 축 원소보다 앞서는 CD에 도달할 때까지 그 이동을 계속한다. 우리의 예에서 그 CD는 다이히킨트의 음반이다. 다른 한편으로 우리는 CD 배열의 맨 앞에서부터 오른쪽으로 한 칸씩 오른쪽으로 이동하되 알파벳 순서에서 린킨 파크보다 뒤서는 CD에 도달할 때까지 그 이동을 계속한다. 우리의 예에서 그 CD는 폴리스의 음반이다. 이제 다이히킨트 CD와 폴리스 CD를 맞바꾼다.

다음 단계는 원래 배열에서 다이히킨트 왼쪽에 놓인 CD들과 폴리스 오른쪽에 놓인 CD들을 대상으로 똑같은 작업을 하는 것이다. 다이히킨트 왼쪽으로 이동하다가 처음 만나는, 린킨 파크보다 앞서는 CD는 비틀스다. 폴리스 오른쪽으로 이동하다가 처음 만나는, 린킨 파크보다 뒤서는 CD는 브루스 스프링스틴이다. 이제 우리는 이 두 CD를 맞바꾼다. 그런 다음에 새로운 CD 배열을 살펴보면 9장의 CD들이 이미 두 집단으로 분류된 것을 알 수 있다. 각 집단 내부는 아직 정렬되지 않았지만 우리가 린킨 파크를 두 집단 사이에 끼워넣으면 린킨 파크는 올바른 위치를 잡은 것이다. 나머지 정렬 작업은 린킨 파크 앞이나 뒤에서 진행된다.

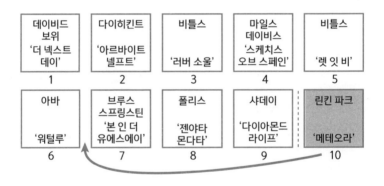

그 다음 절차에 대해서는 "이런 식으로 계속"이라고 말할 수 있다. 린킨 파크 앞의 CD 6장과 뒤의 CD 3장에 대해서 위와 똑같은 작업을 수행하면 되니까 말이다. 즉, 축 원소를 선정하고 나머지 원소들을 두 집단으로 분류한 뒤에 축 원소를 두 집단 사이에 끼워넣으면 된다. 이런 '분할 정복' 전략의 장점은 전체집합을 정렬하는 작업보다 그것의 절반 크기의 집합을 정렬하는 작업이 두 배 넘게 간단하다는 사실이다. 우리의 예에서 빠른 정렬에 필요한 비교 횟수는 26회다.

최악의 경우에 빠른 정렬은 선택 정렬과 똑같은 횟수의 비교를 필요로 한다. 그 최악의 경우는 흥미롭게도 배열이 이미 완벽하게 정렬되어 있는 경우다. 그 경우에 빠른 정렬을 실행하면 모든 원소 각각은 제자리에 머물고 매 단계에서 정렬할 집합의 원소 개수는 하나씩만 줄어든다. 따라서 '분할'을 통해 얻는 이득이 없다. 그러나 "일반적인" 경우에 빠른 정렬은 앞서 거론한 두 가지 정렬 알고리즘보다 더 우수하다. 빠른 정렬의 일반적인 복잡도는 $n \cdot \log n$($\log n$은 n의 로그)이다. n^2과 $n \cdot \log n$의 차이는 어마어마하다. 목록의 원소 개수 n이 100만이라면, n^2은 1조인 반면, $n \cdot \log n$은 겨우 600만이다.

목록을 정렬하는 알고리즘과 검색하는 알고리즘, 기본 수학 연산을 수행하는 알고리즘은 거의 모든 알고리즘의 기초요소다. 소프트웨어 개발자들의 과제는 이 기초 알고리즘을 더 빠르게 만드는 것이다. 그러나 때때로 개발자들은 알고리즘 실행시간에 원리적인 하한선이 있음을 깨닫는다. 예컨대 빠른 정렬보다 훨씬 더 빠른 정렬 알고리즘은 존재하지 않는다는 것이 증명되어 있다.[*] 하드웨어는 계속 더 빨라질지 몰라도 알고리즘은 종종 속도의 한계에 부딪힌다.

---

[*] 정렬 알고리즘 15개를 시각과 청각을 통해 멋지게 비교하는 동영상을 유튜브에서 볼 수 있다. https://www.youtube.com/watch?v=kPRA0W1kECg 를 방문하라.

2장

검색:
페이지랭크─구글이 지닌 힘의 기반

1994년에 나는 어떤 지원금을 받아 미국 케임브리지 소재 매사추세츠 공과대학^{MIT}에 머물렀다. 나를 비롯한 언론인들은 그곳에서 1년 동안 과학 교육을 받을 기회를 얻었다. 바로 그즈음 인터넷이 비약적으로 발전했다. 어느 날 한 여성 동료가 우리 모임에 나타나 모자이크_{Mosaic}라는 새로운 유형의 프로그램에 대해서 설명했다. 그 프로그램을 쓰면 데이터와 텍스트를 내려받을 수 있을 뿐 아니라 신문이나 잡지를 보듯이 그림이 포함된 사이트 전체를 볼 수 있다고 했다. 이야기의 주제는 자연스럽게 월드와이드웹^{WWW}으로 넘어갔다. 이른바 브라우저_{browser}로 불리는 그 프로그램을 쓰면 월드와이드웹을 열 수 있다고 했다.

그날 나는 곧장 컴퓨터실로 가서 한 컴퓨터 앞에 앉아 모자이크 소프트웨어를 가동했다. 그러나 동료가 장담한 알록달록한 그림은 어디에서도 찾아볼 수 없었고 대신 텅 빈 창 하나만 달랑 나타났다. 그 위에는 "URL"이라는 문자가 적힌 갸름한 입력창이 하나 있었다. 무언가를 보려면 거기에 주소를 입력해야 하는 모양이었다. 그러나 내가 아는 주소가 하나도 없었다. 나는 난생 처음 전화기를 받았는데 아는 전화번호가 없어서 전화를 못 거는 사람과 똑같은 처지였다.

당시에는 월드와이드웹에서 검색(현재 당연시되는 표현을 쓰면, 구글링googling)을 할 수 없었다는 사실을 오늘날의 인터넷 사용자는 거의 이해하지 못한다. 그때는 컴퓨서브Compuserve나 AOL 같은 온라인 서비스가 등장한 지 이미 몇 년 뒤였다. 독일에는 빌트쉬름텍스트Bildschirmtext, BTX라는 온라인 서비스가 있었다. 이 온라인 서비스들은 통신망 내의 울타리로 둘러싸인 경작지와 같았다. 거기에 누가 어떤 내용을 (돈을 지불하고) 올려도 되는지 결정하는 것은 서비스 경영자의 몫이었다. 경영자의 허가를 받은 내용은 목차에 게재되고, 그러면 사람들은 그 내용을 찾아볼 수 있었다. 심지어 베아테우제Beathe Uhse 사(세계 최초로 섹스숍sexshop을 연 사업가 베아테 우제가 설립한 성인용품 회사—옮긴이)도 BTX에 온라인 지사를 열고 저해상도 그림을 제공했다.

월드와이드웹에서는 사정이 다르다. 거기에는 경작지 울타리도 없고 경작자도 없다. 그 통신망은 야생으로 방치된, 지도에 등재되지 않은 세계다. 누구나 이른바 도메인domain을 등록하면 한 개 혹은 여러 개의 페이지를 통신망에 올릴 수 있다. 하지만 그런다고 해서 누군가가 그 페이지를 방문한다는 보장은 전혀 없다. 월드와이드웹의 초창기에는 전화번호부가 없었다.

그러면 사람들은 흥미로운 페이지(또는 연관된 페이지들의 집합인 웹사이트)를 어떻게 찾았을까? 당연히 타인들이 가르쳐준 URL, 즉 주소를 통해 아는 것이 한 가지 방법이었다. 하지만 가장 주된 방식은 링크[link]를 통해서 알게 되는 것이었다. 링크는 웹의 본질이다. 사람들은 다른 페이지로 이어진 그 연결선을 타고 새로운 정보의 세계로 나아갔다. 거의 모든 개인 홈페이지는 마치 의무라도 되는 듯이 홈페이지 소유자가 가장 좋아하는 페이지들을 등재한 링크 목록을 포함했다. 말하자면 입소문 마케팅이었다.

　나는 1995년 초에 당시 사람들의 정보 사냥 방식을 다룬 글을 〈차이트〉지에 기고한 적이 있다. 글을 풀어가기 위해 설정한 허구적인 상황은 이러했다. 집에 손님들이 온다. 집안에는 요리책이 없다. 만찬을 준비하기 위해서 나는 맛있는 요리를 만드는 방법을 인터넷에서 뒤진다. 바꿔 말해, 요리 알고리즘을 검색한다. 오늘날 사람들은 인터넷에서 요리법을 검색하는 것을 당연시하지만 당시에 우리는 그런 발상이 대단히 독창적이라고 느꼈다. 아무튼 첫걸음을 내딛기 위해서 나는 일단 어느 미국 여성 과학자의 홈페이지를 방문한다. 나는 그 홈페이지가 다른 페이지들과 잘 연결되어 있다는 것을 알고 있다. 그 홈페이지는 모든 종류의 질문에 답해줄 정보센터로 '인터넷 자원 메타 색인[Internet Resources Meta-Index]'을 추천한다. 이 서비스는 스위스 소재 '유럽 입자물리 연구소[CERN]'가 운영하던 것으로 지금은 없어진 지 오래다. 거기에는 많은 페이지들이 등재되어 있었고 심지어 키워드 검색도 할 수 있었다. 나는 "요리"를 입력하고 컴퓨터는 나를 미국 스탠퍼드 대학교의 한 페이지로 연결해준다.

실제로 그 서버에는 이런저런 방식으로 요리와 관련이 있는 페이지 32개의 목록이 있었다. 요컨대 32개의 요리법이 아니라 다른 장소 32곳을 방문하라는 지시를 받았다. 나는 그곳들에서 추가로 검색을 해야 할 터였다. "이 대목에서 가상 요리 강습소를 모두 다 탐험한다는 것은 생각할 수조차 없음이 명백해진다"라고 나는 썼다. "인터넷은 모든 것을 통제하고자 하는 사람에게는 적합하지 않다."

당연한 말이지만 돌이켜보면 끔찍할 정도로 순박한 생각이다. 발 빠른 회사들은 알고리즘의 도움으로 인터넷이라는 정보 세계를 빠짐없이 목록에 올리는 작업에 매진해왔다. 뿐만 아니라 인터넷은 모든 것을 통제하고자 하는 사람들의 집합소이기도 하다. 가장 좋은 예로 구글이 있다. 이 회사는 정보의 목록화를 통해 세계를 통제하는 실력에서 가히 독보적이다.

1995년에 '요리'를 키워드로 삼아 찾아낸 페이지 32개만 해도 당시의 나로서는 거의 감당할 수 없는 정보 과잉information overkill이었다. 하지만 가장 큰 문제는 이것이었다. 당시에 나는 그 페이지들에 나오는 정보가 내가 원하는 요리와 관련이 있는지 여부를 판단할 방법이 전혀 없었다. 나는 마인츠 대학교 핵화학연구소 웹사이트에서 "은박지로 싼 돼지고기" 요리법을 발견했다. 하지만 그 요리법을 신뢰하고 따라 해서 만찬을 준비하는 것이 좋을지 여부를 전혀 알 수 없었다.

월드와이드웹에 있는 정보를 평가할 필요성은 사실상 월드와이드웹의 발명과 동시에 생겨났다. 어떤 페이지가 나의 요구에 부합할까? 이 페이지의 정보는 가치가 높을까, 아니면 낮을까? 내가 이 정보를 신뢰해도 될까? 이 문제를 해결하기 위한 최초의 시도는 전통적인 방법에 의지했다. 전문가들이 동원되어 정보를 분류하고 웹사이트 목록과 카탈로그를 작성한 것이다. 원리는 당연히 도서관의 운영 방식에서 따왔다. 만일 대형 도서관에 저자나 키워드에 따라서 책을 등재한 목록이 없다면 나는 원하는 책을 못 찾고 갈팡질팡 헤맬 것이다. 사서들은 모든 책을 검토하면서 각 책의 가장 중요한 서지사항을 키워드 카탈로그에 등재한다. 그러면 독자는 나중에 그 책을 찾을 수 있다.

내가 쓴 〈차이트〉지 기사가 나가고 3주 후에 제리 양과 데이비드 파일로는 캘리포니아주 서니베일에서 새로운 회사 야후Yahoo!를 창업했다. 두 사람은 전부터 온라인 목록 서비스 '제리와 데이비드의 월드와이드웹 가이드Jerry and David's Guide to the World Wide Web'를 운영해온 터였다. 이제 상호를 바꾼 그 서비스는 신생 인터넷 기업의 성공 사례들 중 하나였다. 야후는 엄선한 웹사이트를 위계적인 방식으로 보여주었는데 최상층에는 "교양과 직업교육"부터 "즐거운 일"까지 14개의 범주가 있었다.● 요리법에 도달하려면 가장 큰 범주에서 아래로 한걸음씩 나아가야 했다. "즐거운 일" 아래에 "음식과 식생활"이 있고 그 아래에 "요리법"이 있었다. 그리고 "요리법" 아래에 독일어 요리법 페이지 26개가 등재되어 있었다. (같은 시기 영어 버전 야후에 등재된 요리법 페이지는 415개였다.)

이런 웹-카탈로그들이 지닌 문제점은 명백했다. 당시에 인터넷은 지수적으로 성장하고 있었다. 수천 개 였던 사이트가 수백만 개, 나아

● 이 설명은 1996년 12월 30일의 독일 야후 페이지에 관한 것이다. 그 페이지는 인터넷 아카이브Internet Archive에 보관되어 있는 가장 오래된 독일어 버전 야후 페이지다.

가 수십억 개로 순식간에 늘어났다. 야후 같은 서비스가 인터넷 사서를 아무리 많이 고용해도 새로운 사이트의 홍수를 감당할 수는 없었다. 그래서 신규 사이트를 자동으로 파악하는 기술이 해결책으로 등장했다. 이 기술을 사용하면 사람이 사이트 각각을 들여다보고 분류하는 대신에 컴퓨터가 텍스트 전체를 읽고 인지한다. 그런 다음에 만일 우리가 '칼터 훈트Kalter Hund'(버터 비스킷과 초콜릿으로 만든, 어린이들이 좋아하는 과자. 'Kalter'는 '차가운', 'Hund'는 '개'를 뜻한다. 영어권에서는 'cool dog', 'cold dog'라 불린다.) 요리법을 검색하면 컴퓨터는 "요리법", "칼터(차가운)", "훈트(개)"가 나오는 사이트들을 모두 찾아준다. 월드와이드웹의 텍스트 전체를 읽는 최초의 검색 엔진 웹크롤러WebCrawler는 1994년에 개발되었다.

모든 웹사이트들을 훑는 작업은 생각보다 간단하지 않다. 우선 "모든 웹사이트들"은 무엇을 의미할까? 내가 MIT 컴퓨터실에서 사용한 컴퓨터도 똑같은 문제에 부딪혔다. 그 컴퓨터는 어떤 사이트들이 존재하는지 모른다. 하지만 링크가 있다. 검색 엔진이 해야할 일은 최대한 링크가 많은 사이트를 출발점으로 삼는 것이다. 그리고 그 사이트에서 뻗어나가는 모든 링크를 따라서 다른 사이트로 가고 그곳에서 또 링크를 타서 다른 사이트로 가는 식으로 계속 나아가야 한다. 이 과정에서 사이트들이 연결되어 이룬 거대한 나무 모양의 구조가 생겨난다. '웹크롤러'라는 이름이 벌써 그런 구조를 비유적으로 표현한다. 만일 링크가 월드와이드웹을 이루는 거미줄이라면 컴퓨터는 그 거미줄을 따라 기어가며 웹을 누빈다.

컴퓨터는 이런 식으로 어디든지 갈 수 있을까? 대답은 당연히 '아니오'다. 내가 내일 새 사이트를 인터넷에 개설했는데 어떤 링크도 그 사이트로 향하지 않는다면 사람도 컴퓨터도 그 사이트를 영영 발견하지 못할 것이다. 설령 내 사이트에서 링크가 뻗어나가더라도 나에게는 아무 도움이 되지 않는다. 왜냐하면 월드와이드웹에서 링크를 따라 나아갈 수는 있어도 되짚어 이동할 수는 없기 때문이다. 요컨대 내 사이트가 발견되려면 검색 엔진에 이미 등록되어 있는 다른 사이트가 내 사이트로 링크를 뻗어야 한다. 또는 (대다수 검색 엔진에서 이렇게 할 수 있는데) 내가 내 사이트를 검색 엔진에 등록해야 한다.

두 번째 문제는 다음과 같다. 사용자가 키워드를 입력했을 때 웹크롤러가 링크를 따라 기어가면서 자기가 아는 모든 사이트에서 그 키워드를 검색한다는 것은 인터넷 연결이 아무리 빨라도 불가능한 일이다. 설령 인터넷 전체가 컴퓨터 하드디스크에 저장되어 있다 하더라도 그런 방식의 검색은 오늘날 우리에게 익숙한 것보다 훨씬 더 긴 시간이 걸린다.

따라서 웹크롤러(거미^{spider} 또는 로봇^{robot}으로도 불린다)는 일단 한 사이트의 모든 단어를 파악한 다음에 이른바 색인^{index}을 만든다. 그 색인은 이 책의 끄트머리에 있는 색인과 같은 구실을 한다. 어떤 두꺼운 역사책에서 나폴레옹이 언급되는 대목이 어디인지 알고 싶으면 나는 그 프랑스 황제를 찾아내기 위해 책 전체를 읽는 대신에 색인을 살핀다. 색인에는 나폴레옹에 관한 내용이 나오는 페이지의 쪽수가 있다. 심지어 고대 바빌로니아인도 점토판 검색을 위해 이런 색인을 만들었다.

그러나 인터넷 색인은 가장 중요한 단어만 등재하는 것이 아니라 모든 단어를 등재하고 각각의 단어에 그 단어가 나오는 사이트의 주소를 짝지어 기록한다. 키워드로 여러 단어가 입력되면, 예를 들어 "요리법 칼터(차가운) 훈트(개)"가 입력되면 웹크롤러는 이 세 단어를 모두 포함한 사이트를 찾아낸다. 그런데 그것들 중에는 북극 탐험에 관한 사이트도 많을 것이다. 북극은 항상 차갑고 그곳에서 사람들은 개썰매를 타고 이동하니까 말이다. 하지만 내가 원하는 것은 "칼터"와 "훈트"가 연이어서 등장하는 사이트들이다. 어느 정도 검색 경험이 있는 사용자라면 누구나 알겠지만 이 경우에 내가 원하는 검색 결과를 얻으려면 검색어에 큰따옴표를 붙여서 입력하면 된다.

이런 검색을 실행하려면 검색 엔진은 키워드로 입력된 단어가 등장하는 페이지의 주소뿐 아니라 그 페이지에서 그 단어의 위치도 알아야 한다. 특정 페이지의 524번째 단어가 "칼터"이고 525번째 단어가 "훈트"라는 것을 알면 내가 찾는 요리법이 그 페이지에 나올 확률이 매우 높다고 예측할 수 있다.

이 같은 위치 파악은 문구 검색에 유용할 뿐 아니라 모든 검색에서 키워드들이 서로 얼마나 가까이 놓여 있는지 알려준다. 특정 페이지에서 키워드들이 서로 가까이 놓여 있다면 그 키워드들은 의미적으로도 연관되어 있을 확률이 높다. 이처럼 키워드의 근접도는 검색된 사이트가 사용자의 요구에 얼마나 부합하는지 판정하는 기준이 될 수 있다.

검색 엔진 작동의 다음 단계가 바로 그 판정이다. 내가 입력한 검색어들을 모두 포함한 페이지를 검색 엔진이 빠짐없이 찾아낸다면 엄청나게 많은 페이지들이 발견될 것이다. (현재 구글에서 "요리법 칼터 훈트"를 검색하면 약 28만 3000개의 페이지가 뜬다.) 그 많은 페이지들을 사용자 앞에 왈칵 쏟아놓을 수는 없다. 검색 엔진은 그 페이지들에 순위를 부여하고 '가장 중요한' (이 표현의 의미가 무엇이든 간에) 페이지를 맨 위에 배치해야 한다. 색인 만들기는 지루한 작업인 반면에 이른바 '순위 매기기 알고리즘ranking algorithm'은 검색 엔진의 우열을 결정한다. 왜냐하면 사용자들은 예컨대 133번째 검색 결과를 살펴보지는 않기 때문이다. 사용자들은 처음 서너 개의 검색 결과를 살펴보고 거기에 자신이 찾는 정보가 없으면 실망한다.

최초의 검색 엔진들은 오직 페이지의 내용에만 기초해서 페이지의 중요도를 판정했다. 검색어가 자주 등장하는가? 검색어가 표제에, 혹은 페이지의 명칭에 등장하는가? 검색어가 서로 근접해서 등장하는가? 이런 질문들이 판정의 기준이었다. 최초의 검색 엔진들이 나오고 얼마 지나지 않아 검색 결과 순위를 조작하려는 시도들이 등장했다. 예를 들어 어떤 이들은 자신의 페이지에 "섹스 섹스 섹스 섹스"라는 문구를 흰색 바탕에 흰색 글씨로 100번 써서 보이지 않게 집어넣었다. 검색창에 "섹스"를 입력하는 사용자가 얻는 검색 결과 목록에서 자신의 페이지가 최대한 위에 뜨도록 하기 위해서였다. 그리하여 검색 엔진 운영자들의 끝없는 군비경쟁이 시작되었다. 그들은 그런 조작을 막기 위해 자신의 알고리즘에 관한 세부사항을 '검색 엔진 최적화search engine optimization, SEO'(검색 결과 순위에 영향을 미치는 작업—옮긴이)에 종사하는 사람들이 알 수 없도록 비밀에 부쳤다.

월드와이드웹의 초기에는 라이코스Lycos, 마젤란Magellan, 인포시크Infoseek, 익사이트Excite 등 여러 검색 엔진들이 경쟁했다. 검색 엔진 회사들은 1990년대에 빠르게 성장했으며 1990년대 후반기에 시장 점유율 1위에 오른 회사는 알타비스타AltaVista였다. 알타비스타는 경쟁자들보다 더 많은 페이지를 확보했고 성능이 매우 뛰어난 컴퓨터들을 사용했으며 이른바 불 연산자(앤드^AND, 오어^OR, 낫^NOT 등)를 포함하는 복잡한 검색어를 허용했다. 그러나 대다수의 사용자들은 검색창에 그냥 단어만 입력했다.

검색 엔진들의 경쟁에서 명백한 승자는 나오지 않았다. 그러자 검색 엔진은 최대한 많은 사용자를 끌어들이기 위해 이른바 포털^portal로 변신하기 시작했다. 검색 엔진 운영자들은 자신의 사이트가 웹에 들어가기 위한 정문으로 보다 빈번하게 이용되기를 바랐다. 포털에는 뉴스, 날씨, 스포츠 경기 결과, 주식 시세 등이 있었다. 검색창은 제각각 클릭을 갈망하는 서비스들의 혼란스러운 난장판으로 인해 점점 더 구석으로 밀려났다. 1990년대 말에 검색 엔진의 진화는 종결된 것처럼 보였다. 포털은 취향에 따라서 몇 가지 유형으로 구분되었지만 모든 포털 운영자들은 원리적으로 동일한 서비스를 제공했다.

바로 그 즈음인 1998년 9월 4일에 캘리포니아주 팔로알토에서 구글사가 창업했다. 구글 사이트는 배경이 흰색이었고, 오늘날에는 아주 개성 있게 발전한 알록달록한 회사 명칭 (당시에는 느낌표가 붙어있었다) 아래에 "구글을 이용해서 웹을 검색하세요!^Search the Web using Google!" 라는 문구와 함께 커다란 검색창이 있었다. 그리고 그것이 전부였다. 요컨대 구글 사이트의 디자인은 '여기는 검색 사이트다. 그밖에 다른 기능은 없다'라는 메시지를 명확하게 전달했다. 구글 검색의 배후에는 대학원생 두 명이 마운틴뷰의 한 차고에서 발명한 새로운 알고리즘이 있었다. 그 알고리즘은 훗날 인터넷을 바꿔놓고 결국 전 세계를 바꿔놓게 된다.

1998년 이전의 모든 검색 엔진은 웹사이트의 중요도를 오직 그 사이트 자체만 보고 판정하려 했다. 그런데 컴퓨터 알고리즘은 텍스트의 의미를 이해하지 못하기 때문에 중요도 판정을 위해 비교적 엉성한 기준에 의지했다. 원리적으로 검색 엔진들은 단어의 개수를 셌으며 공인된 과학 저널에 게재된 논문과 학생이 과제로 제출한 오류투성이 텍스트를 구분할 수 없었다. 유의미한 것과 무의미한 것을 구별하는 일은 알고리즘의 능력을 훌쩍 뛰어넘는 과제였다.

　우리가 어떤 주제에 대해서 아는 바가 전혀 없어서 그 주제를 다루는 특정 페이지의 내용을 평가할 수 없다고 가정해보자. 그 페이지의 내용이 중요한지 여부를 어떻게 가늠할 수 있을까? 우리는 그 내용이 실린 페이지가 얼마나 진지한지 살펴볼 수 있다. 예컨대 그 페이지가 위키피디아 항목이라면 우리는 그 내용에 (절대적 신뢰성까지는 아니더라도) 꽤 높은 신뢰성을 부여할 것이다. 혹은 요리법의 예로 다시 돌아가보자. 내가 유명한 요리사의 웹사이트에서 '칼터 훈트' 요리법을 발견한다면 (물론 이것은 실현가능성이 매우 희박한 가정이다) 그 요리법을 무명의 주부가 인터넷에 올린 요리법보다 더 신뢰할 것이다.

　그러나 웹 검색 엔진은 누가 유명한 요리사인지 모른다. 검색 엔진은 한 페이지의 권위가 다른 페이지보다 더 높다는 것을 어떻게 알아낼 수 있을까? 스탠퍼드 대학원생 래리 페이지와 세르게이 브린의 아이디어는 월드와이드웹의 본질인 링크를 이용하여 페이지의 중요도를 판정하자는 것이었다. 핵심을 요약하자면 한 페이지로 링크를 뻗은 페이지들(특히, 그런 동시에 그 자체로도 중요한 페이지들)이 많을수록 그 페이지는 더 중요하다는 것이다. 페이지와 브린은 웹페이지의 링크 상태를

평가하는 (해당 웹페이지로 뻗어 있는 링크의 개수를 세는) 알고리즘을 개발하고 페이지랭크^{PageRank} 라고 명명했다. 재치 있는 말놀이가 깃든 이 명칭은 한편으로는 '페이지 순위'를 뜻하고 다른 한편으로는 개발자들 중 한 명의 이름을 포함한다.

링크의 개수를 페이지의 중요도를 알려주는 척도로 삼는다는 원리에 대해서 당연히 반론이 가능하다. 첫째, 누군가가 특정한 페이지로 링크를 뻗는다고 해서 그가 그 페이지를 좋아하고 신뢰한다고 단정지을 수는 없다. 예를 들어 페이지랭크는 "팀 멜처가 자기 사이트에 올린 '칼터 훈트' 요리법은 이루 말할 수 없이 엉망진창이다!"와 같은 형태의 링크도 센다. 또한 다수의 링크가 정말로 페이지가 중요함을 의미하는가라는 근본적인 의문도 당연히 제기할 수 있다.

페이지 순위 판정은 실제로 어떻게 이루어질까? 페이지를 살펴보면 어떤 페이지들이 그 페이지로 링크를 뻗었는지가 일단 전혀 보이지 않는다. 월드와이드웹에서 하이퍼링크^{hyperlink}는 항상 한 방향으로의 연결만 허용하고 반대 방향으로의 연결은 허용하지 않는다. 이것은 인터넷 초기에 설계자들이 결정한 사항이다. 그러므로 페이지 순위 판정을 위해서는 우선 링크까지 모두 등재한, 최대한 완벽한 웹 색인이 필요하다. 그런 색인이 있으면 임의의 페이지로 뻗은 링크의 개수를 셀 수 있고 그 개수를 1차 근사해서 페이지의 순위 척도로 삼을 수 있을 것이다.

하지만 페이지와 브린의 생각은 그 정도에 머물지 않았다. 그들은 한 페이지로 뻗은 링크들을 세는 것으로 만족하고 싶지 않았다. 그 링크들이 어디에서 뻗어오는지도 고려해야 한다고 생각했다. 해당 페이지

저자의 동료가 뻗은 링크인가, 아니면 위키피디아가 그 페이지를 특정 주제와 관련해서 중요하다고 판단하여 뻗은 링크인가? 양자 가운데 가치가 더 높은 것은 확실히 위키피디아가 뻗은 링크다. 그리하여 페이지와 브린은 이런 해법을 고안했다. 주어진 페이지의 순위를 계산할 때 단순히 링크의 개수를 세는 것이 아니라 링크 각각에 가중치weight 를 부여한 다음에 그 가중치들을 합산한다. 이때 가중치는 링크를 뻗은 페이지의 순위에 의해 결정된다.

한 예를 살펴보자. '칼터 훈트' 요리법이 실린 페이지가 2개 있다고 해보자. 하나는 '빌리의 칼터 훈트'이고, 또 하나는 '팀 멜처의 칼터 훈트'다. 각각의 페이지로 링크가 뻗어 있는데, 빌리의 페이지로 뻗은 링크는 그의 친구 카를에게서 오고, 팀 멜처의 페이지로 뻗은 링크는 미식가 포털 사이트 "아름다운 식생활"에서 오는 추천 링크다. 그 포털은 100개의 링크를 받는데, 그 링크들은 모두 무명인사들의 페이지에서 보낸 것이다. 그 페이지들 각각은 한 개의 링크도 받지 못한다. 이 경우에 그 페이지들 각각의 순위 값은 1로 매겨진다. (값을 0으로 매기는 것은 수학적인 이유에서 기피된다.) 그러면 61쪽의 그림을 얻을 수 있다.

따라서 검색 엔진은 텔레비전에도 출연하는 요리사 팀 멜처의 요리법이 빌리의 요리법보다 100배 중요하다고 평가할 것이다. 왜냐하면 팀의 요리법은 아름다운 식생활 페이지를 거쳐서 100명의 팬을 "수확하기" 때문이다.

만약에 큰 문제점 하나가 없다면 실제로 이런 식으로 페이지 순위를 정의할 수도 있을 것이다. (또한 많은 사람들이 페이지랭크 알고리즘을 이런 식으로 설명한다.) 이런 식의 페이지 순위 정의는 연결망 안에 고리loop

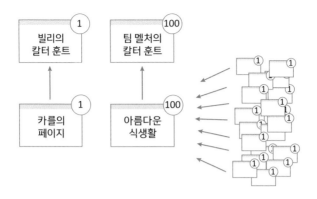

가 없다는 전제가 성립할 때만 가능하다. 즉, 한 페이지에서 일련의 링크들을 따라 이동하여 다시 그 페이지로 돌아오는 일이 불가능하다는 전제가 성립해야 한다. 그러나 실제 월드와이드웹에서는 그런 일이 자주 벌어진다. 링크 2개를 추가하여 앞의 그림을 확장해보자. 빌리의 요리법은 카를의 링크뿐 아니라 엘케의 링크도 받는다. 그리고 빌리는 엘케의 고양이 사진첩이 마음에 들어서 그의 페이지로 링크를 뻗는다(62쪽 그림).

이렇게 되면 빌리의 페이지 순위 값은 2로 올라간다. 왜냐하면 페이지 2개가 빌리에게 링크를 뻗기 때문이다. 그러면 다시 엘케의 순위 값은 1에서 2로 올라간다. 빌리의 순위 값 상승이 엘케의 순위 값에 영향을 미치는 것이다. 그런데 빌리와 엘케 사이에는 고리가 형성되어 있으므로 엘케의 순위 값이 상승하면 빌리의 순위 값도 다시 상승한다. 이런 식으로 두 값은 계속 상승하면서 팀 멜처의 순위 값을 능가하여 무한대로 발산한다. 이 순위 값을 계산해야 하는 컴퓨터는 과부하가 걸려 뜨겁게 달아오를 것이다.

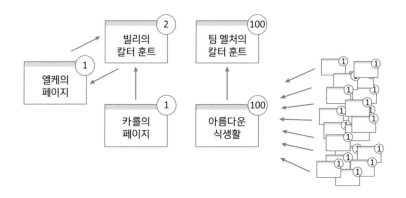

따라서 페이지와 브린은 페이지의 중요도에 대한 그들의 직관을 알고리즘에 집어넣기 위해 다른 길을 모색해야 했다. 그들의 아이디어를 수식 없이 설명하는 방법 중 하나는 '무작위 서퍼random surfer' 개념을 도입하는 것이다. 페이지와 브린이 1998년에 발표했으며 지금은 고전이 된 논문 「대규모 하이퍼텍스트 웹 검색 엔진의 해부The Anatomy of a Large-Scale Hypertextual Web Search Engine」는 그 개념을 다룬다. "'무작위 서퍼'는 무작위로 선택한 웹페이지에서 출발하여 계속 링크를 클릭하여 인터넷서핑을 하면서 절대로 되돌아가지 않지만 때로는 지루함을 느껴서 다시 무작위로 선택한 페이지를 새 출발점으로 삼는다. 우리는 그런 무작위 서퍼가 있다고 전제한다." 또한 무작위 서퍼는 어디로도 링크를 뻗지 않은 페이지에 도달했을 때에도 새로 출발한다. 이때 한 페이지의 순위 값은, 무작위 서퍼가 그 페이지에서 보낸 시간이 총 서핑 시간에서 차지하는 비중이다.

이 순위 값 정의는 무작위 서핑이 충분히 많이 반복되면 페이지의 순위 값이 안정화된다는 것을 (수학적으로 말하면 순위 값들이 특정 분포에 수렴한다는 것을) 전제한다. 다시 우리의 예를 보자. 우리가 다루는 웹페이지는 총 105개다. 무작위 서퍼가 각각의 페이지에서 한 번씩 총 105회 새로 출발한다고 가정하자. 그러면 그는 아름다운 식생활에 링크를 보내는 팬의 페이지에서 출발하여 팀 멜처의 페이지에 도달하고 더는 이동하지 못하는 상황을 100회 겪는다. 따라서 그 팬들의 페이지 각각은 순위 값으로 1을, 아름다운 식생활 페이지와 팀 멜처의 페이지는 각각 100을 가진다.

출발점이 아름다운 식생활 페이지라면, 무작위 서퍼는 역시 팀 멜처의 페이지에 도달한다. 따라서 두 사이트의 순위 값은 이제 모두 101로 상승한다.

무작위 서퍼가 처음부터 팀 멜처의 페이지에서 출발한다면, 그 페이지의 순위 값이 1만큼 상승하는 것 외에 아무 일도 일어나지 않는다. 이제 그 페이지의 순위 값은 102다.

출발점이 카를의 페이지라면, 무작위 서퍼는 빌리의 페이지에 도달한다. 따라서 두 페이지는 순위 값 1을 얻는다.

이번에도 문제는 함께 고리를 이룬 빌리의 페이지와 엘케의 페이지에서 발생한다. 무작위 서퍼가 이 페이지들 중 하나에서 출발하면 한없이 고리를 돌 테고, 두 페이지의 순위 값은 영원히 상승할 것이다. 페이지랭크 발명자 두 사람은 이 문제를 해결하는 교묘한 방법을 고안했다. 그들은 무작위 서퍼가 링크 클릭을 멈추고 아무렇게나 선택한 페이지로 도약하여 새로 서핑을 시작할 확률을 적당히 정했다. (현실에서 그 확률은 대개 15퍼센트다.) 바꿔 말하면 페이지와 브린이 '지루함 boredom'이라고 부른 것이 발생할 확률을 정한 것이다. 이 확률로 무작위한 도약이 일어난다고 가정하면 모든 각각의 서핑 사슬은 언젠가는 종결되기 마련이다.

나는 이 알고리즘을 시뮬레이션하고 무작위 서퍼로 하여금 우리가 예로 든 연결망에서 20만 회 서핑을 시작하게 했다. 그러자 상당히 안정적인 페이지 순위 분포가 산출되었다. 절대적인 페이지 방문 횟수는 중요하지 않으므로 나는 아래 그림에서 순위 값을 퍼센트로 나타냈다.

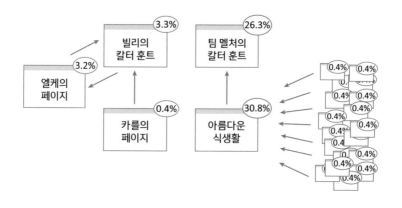

이 그림은 과연 우리가 '중요도'라고 부르는 바를 보여줄까? 더 자세히 살펴보자.

- 어떤 링크도 받지 못하는 페이지들은 모두 똑같이 0.4퍼센트라는 낮은 값을 가진다.
- 엘케의 페이지와 빌리의 페이지는 "중요하지 않은" 페이지에서 오는 링크만 받으므로 3퍼센트라는 어중간한 값을 가진다.

- 아름다운 식생활 페이지도 평범한 대중으로부터 오는 링크만 받지만 그런 링크를 아주 많이 받는다. 따라서 작은 값들이 누적되어 30.8퍼센트라는 대단한 값을 가지게 된다.
- 아름다운 식생활 페이지에서 팀 멜처의 페이지로 가는 단 하나의 링크는 전자의 중요도를 후자에 거의 완전히 "물려준다".

페이지와 브린의 이 같은 아이디어, 즉 한 페이지의 인기도를 링크를 통해 다른 페이지로 넘겨줌으로써 검색 결과의 중요도를 알아낸다는 아이디어는 인터넷을 단번에 바꿔놓았다. 갑자기 사람들은 자신이 정말로 찾으려 한 것을 발견하게 되었다. 구글은 "앤드"와 "오어" 같은 논리연산자를 포함한 더 복잡한 검색어를 허용하는 개선 작업을 오랫동안 포기했다. 인터넷 검색은 전문가들의 활동이 아니라 모든 사람을 위한 단순한 도구여야 한다는 취지에서였다. 구글은 단어 몇 개를 입력하면 가장 중요한 페이지들이 곧바로 뜨는 것이 바람직하다고 판단했다. 지금도 구글에는 "I'm Feeling Lucky" 버튼이 있다. 검색어를 입력하고 그 버튼을 누르면 구글이 가장 적합하다고 판단한 단 하나의 페이지로 이동하게 된다.

구글 검색 엔진 개발은 순수한 학문적 활동이었다. 그러나 그 검색 엔진이 공개되고 얼마 지나지 않아 그것으로 어마어마한 사업을 할 수 있다는 사실이 명백히 드러났다. 구글의 사용자 수는 나날이 증가했다. 2년이 지나자 구글은 경쟁자들을 제치고 시장 점유율 1위의 검색 엔진이 되었다. 구글이 본격적으로 돈을 벌기 시작한 것은 2000년에 (창업자들의 반대를 무릅쓰고) 검색된 페이지에 개별 광고를 실으면서부터였다. 그 광고를 위한 애드워즈 AdWords 시스템의 배후에도 알고리즘이 있다. 광고를 원하는 기업은 특정 검색어를 "구매할" 수 있다. 기업이 몇 센트에서 몇 유로 정도의 금액을 구글에 지불하면 구글 사용자가 해당 검색어로 검색해서 얻는 결과에 그 기업의 페이지로 연결되는 초라한 링크가 삽입된다. 가장 많은 금액을 지불하는 기업은 검색 결과 페이지에 직접 뜬다. 그런데 가장 중요한 점은 이것이다. 광고 하는 기업은 사용자가 실제로 링크를 클릭할 때만 광고료를 지불한다. 또한 검색 결과 페이지에서 광고는 "객관적"인 검색 결과와 명확하게 구분된다. 많은 사용자들은 예컨대 "이비사 Ibiza 여행"을 입력했을 때 검색 결과로 적당한 여행 상품 광고가 뜨는 것을 선호한다.

광고주의 입장에서 애드워즈 시스템은 아주 매력적이다. 왜냐하면 광고주는 실제로 자신의 페이지를 방문한 사용자의 인원수에 비례해서 광고료를 지불하기 때문이다. 광고업계에서 그런 시스템은 유례가 없었다. 무수한 광고가 구글로 흘러들기 시작했고 기업들은 특별한 노력 없이도 상품을 광고할 수 있었다. 이 모든 것을 가능케 한 것이 알고리즘이었다.

구글 사는 2004년에 상장되어 순식간에 주식 시가 총액이 230억 달러에 이르렀다. 그때부터 이미 창고에서 창업한 회사의 순박함은 옛날 이야기였다. 회사 소개 자료에 나오는 좌우명은 여전히 "악하지 말라 Don't be evil"였지만 구글 역시 악한 기업일 수 있다고 주장하는 사람들이 점점 더 늘어났다. 특히 유럽에서는 구글이 데이터 문어 Datenkrake 라는 부정적 이미지가 점점 더 확산되었다. 왜냐하면 구글은 거의 병적인 꼼꼼함으로 사용자들의 모든 클릭과 검색어를 기록하고 영원히 저장하며 그것을 이용해서 엄청난 돈을 벌기 때문이다. 링크는 월드와이드웹을 이루는 거미줄이며 천재적인 페이지랭크 알고리즘의 씨줄과 날줄이었다. 그런 링크가 이제 구글을 위한 금맥이 되었다. 구글은 이미 오래 전부터 다양한 디지털 서비스를 제공하고 있지만 지금도 회사의 기둥은 검색 알고리즘이다. 그리고 지금은 그 알고리즘에 대해서도 나쁜 소문들이 분분하다.

오늘날 구글 검색의 배후에서 작동하는 알고리즘은 여전히 1998년에 대학원생 두 명이 공개한 원조 페이지랭크 알고리즘일까? 아니다, 그렇지 않다. 구글 검색 알고리즘은 사실상 매일 변화한다. 구글이 검색 알고리즘을 그렇게 끊임없이 변화시키는 이유 중에 가장 중요한 것은 그 알고리즘도 조작 가능하다는 사실에 있다. 물론 특정 키워드를 페이지에 백번 집어넣는 방식은 검색 엔진 최적화 기술자들에게 거의 도움이 되지 않는다. 하지만 링크를 조작하는 방식도 있다. 앞서 든 예에서 아름다운 식생활 페이지가 실은 인기가 없다고 가정해보자. 이 경우에 그 페이지의 중요도를 높이려면 다른 많은 페이지들이 그 페이지로 링크를 뻗게 만들기만 하면 된다. 이를테면 수백 수천 개의 페이지를 새로 만들어서 아름다운 식생활 페이지로 링크를 뻗게 만드는 방법으로 말이다.

구글은 당연히 처음부터 이런 링크 농장들link farms을 주목했고 구글 검색 알고리즘은 너무 뻔하게 조작된 링크들을 중요도 평가에서 배제한다. 그러나 그 알고리즘의 특징을 이용하는 더 교묘한 조작 방법들이 있다. 검색 엔진과 검색 엔진 최적화 기술자가 벌이는 군비경쟁은 지금도 활발하게 진행 중이다. 예컨대 구글은 2011년 2월에 이른바 판다[Panda] 알고리즘을 도입했다. 이 알고리즘은 얼핏 보면 흥미롭고 중요한 정보를 담은 듯하지만 실제로는 주로 다른 페이지에서 따온 텍스트 조각으로 구성된 페이지를 잡아내기 위해서 개발되었다. 그런 페이지는 검색 결과에 뜨지도 않고 다른 페이지로 링크를 보내 그 페이지의 중요도를 높이지도 못하게 만드는 것이 바람직하다. 현재 판다 알고리즘은 웹페이지 색인 작성 과정에서 그런 쭉정이 페이지와 더 가치 있는 알짜 페이지를 구별하는 일을 한다.

검색 알고리즘이 솜씨 좋은 검색 엔진 최적화 기술자들에게 끊임없이 기만당하는 것을 막기 위해서는 알고리즘의 세부사항을 회사의 비밀로 관리하는 것이 중요하다. 정치인들, 특히 유럽 정치인들은 검색 알고리즘의 완전 공개를 촉구하는데, 이 활동은 그들이 얼마나 세상 물정에 어두운지 보여준다.

구글의 검색 알고리즘이 비밀이라 하더라도, 페이지를 수정하면서 검색 결과 순위가 어떻게 바뀌는지 살피는 방식으로 마치 블랙박스를 검사하듯이 알고리즘을 검사할 수 있다. 그런 검사를 통해 다음 사실이 알려졌다. 구글은 페이지 순위를 오직 페이지랭크에 의지하여 결정하는 방식을 오래 전에 버렸다. 대신에 약 200개의 신호[signal]가 검색 결과에서 해당 페이지가 얼마나 위에 나타날지 결정한다. 몇 가지 예를 보자.

– 검색어가 페이지의 제목이나 주소[URL], 심지어 도메인 이름에 등장하는 경우: 구글은 웹사이트 wurst.de가 소시지(독일어로 Wurst)에 관한 정보를 찾는 사용자에게 확실히 중요하다고 판단한다. (실제로 wurst.de는 전통 육류 및 소시지를 위해 활동하는 단체가 운영하는 웹사이트다.)

- 페이지에 검색어가 출현하는 빈도는 여전히 검색 결과 순위에 영향을 미친다.

- 짧은 글보다 긴 글이 선호된다.

- 내려받기download에 걸리는 시간이 짧은 페이지일수록 더 높은 순위에 오른다.

- 페이지에 한 문단 전체가 중복되어 나타나는가? 검색 엔진은 그런 복사/붙여넣기를 좋게 보지 않는다.

- 검색 엔진은 그림 데이터의 (대개 보이지 않는) 이름도 고려한다.

- 해당 페이지가 자주 변경되는가? 잦은 변화는 페이지가 "신선하다"는 증거이며 페이지 순위를 상승시킨다.

- 해당 페이지에서 뻗어나가는 링크도 고려 대상이다. 내가 zeit.de(〈차이트〉지의 웹사이트—옮긴이)로 링크를 뻗는다고 해서 내 페이지의 순위가 올라가는 것은 아니지만, 링크는 그것을 뻗는 페이지에 대해서 많은 것을 알려준다. 한편, 링크를 너무 많이 뻗으면 나의 페이지 순위 값이 "유출된다".

- 내 페이지의 내용은 다른 페이지에서 복사해온 것일까? 구글은 이 질문의 답을 알아내고 그 답이 '그렇다'이면 내 페이지의 순위를 낮춘다.

- 구글은 페이지가 구사하는 언어의 수준도 판정할 수 있다. 그 수준은 경우에 따라서 중요할 수 있다.

- 페이지에 저작권 관련 사항이 정식으로 표기되어 있는가? 그렇다면 좋은 페이지다!

- 페이지에 접속할 수 없는 상황이 자주 발생하는가? 그렇다면 나쁜 페이지다!

– 유튜브 동영상은 다른 동영상들보다 우대된다. 왜냐하면 유튜브는 구글의 자회사이기 때문이다. 이 때문에 구글은 자주 비난을 받는다.
– SNS에서 오는 링크들은 유명도의 지표다.
– 한 페이지로 뻗은 링크에 붙어 있는 말은 흔히 그 페이지 자체보다 발언권이 더 세다.

이밖에도 많은 기준들이 있다. 구글 알고리즘은 사실상 매일 변화되고 보강되며 덕분에 기업집단 구글은 시장점유율 1위를 유지한다. 그 알고리즘은 지금도 여전히 구글의 핵심 사업이다. 수천 명의 직원이 그 알고리즘을 다듬는다. 구글의 거의 독점적인 지위는 비싼 기계와 생산수단에 기초를 둔 것이 아니라(물론 전 세계에서 검색 엔진을 운영하기 위해서 거대한 데이터센터들이 필요하다) 불안정한 재화인 아주 좋은 아이디어에 기초를 둔다. 그리고 그 아이디어는 더 좋은 아이디어에 추월당할 위험에 항상 직면해 있다. 세계 어딘가의 차고 안에서 젊은 프로그래머 두 명이 미래의 구글을 구상하고 있지 않을까? 그럴 가능성은 낮을지 몰라도 분명히 있다. 구글은 현재 유능한 컴퓨터 엘리트 중 상당수를 매수하는 전술을 구사한다. 그 회사는 매년 수백 명의 젊은 프로그래머를 고용한다.

현재 구글은 예전과 다름없이 가장 좋은 검색 엔진이지만 그럼에도 비판을 받는다. 한 비판에 따르면, 구글은 많은 방문자와 링크를 보유한 큰 페이지들을 선호한다. 이 비판은 타당할까? 물론 인터넷 어딘가에 묻혀 있던 요리법을 내가 발굴하고 실험적으로 따라 해서 다른 어떤 요리법으로 만든 것보다 더 맛있는 '칼터 훈트'를 만들 수도 있을 것이다. 그러나 검색 엔진이 그 요리법을 찾아내려면 사람처럼 웹페이지의 내용을 이해해야 할뿐더러 그 요리법에 따라서 요리를 하고 그 결과물을 맛보기까지 해야 할 것이다. 이것이 불가능한 한, 최선의 중요도 판정 기준은 여전히 많은 사람들의 호응이다.

같은 맥락의 또 다른 비판에 따르면 구글은 정통을 벗어난 이단적인 생각을 억압한다. 예컨대 내가 구글에서 그리스 경제위기에 관한 글을 검색하면 역시나 대형 미디어의 기사가 뜨고 무명의 그리스 경제학자가 쓴 학술논문은 뜨지 않을 것이다. 적어도 그 경제학자가 장관으로 임명되기 전까지는 말이다. 하지만 이 비판에 대해서도 이렇게 반문해야 마땅하다. 사람들이 검색 엔진을 사용할 때 기대하는 바는 바로 그런 결과가 아닐까? 누군가가 의료 정보를 검색한다면, 확실한 제도권 의학 지식을 가장 먼저 알려주고 그 다음에 대안 의술과 통상적이지 않은 치료법을 알려주는 것이 바람직하지 않을까?

물론 이 비판은 엄연한 사실에 근거를 둔다. 내가 어떤 대단한 생각을 창안하여 내 홈페이지에 그에 관한 글을 올린다면 일단 처음에는 검색 결과에 그 글이 거의 뜨지 않을 것이다. 그 글이 뜨게 하려면 매우 구체적이고 세세한 검색어를 입력해야 할 것이다. 그러나 새롭고 이례적이며 어쩌면 설익은 생각을 '높은 순위로 올리기'는 검색 엔진의 장점도 아니고 임무도 아니다. 그 일은 페이스북 같은 SNS가 더 잘할 수 있다. SNS에서는 작은 아이디어를 바이러스처럼 퍼뜨려서 이삼일 내로 수천 개의 링크를 받을 수 있다.

하지만 우려할 만한 문제도 있다. 현재 구글은 사용자의 검색 및 서핑 행태를 기초로 개인적 특성을 파악하고 그 특성에 따라 개인 맞춤형 검색 결과를 제공한다. 사용자는 객관적으로 최선인 검색 결과 목록을 받는다고 생각할지 모르지만 그 목록은 구글이 그 사용자에게 최선이라고 판단한 검색 결과 목록이다. SNS 사용자와 마찬가지로 구글 검색자도 필터 버블(5장 참조) 안에 갇혀 있는 셈이지만, SNS 사용자에 비해 구글 사용자는 이 사실을 알아채는 경우가 더 드물다.

흥미롭게도 나와 대화한 구글 직원은 이 같은 검색 결과의 개인 맞춤이 큰 역할을 하지 않는다고 주장했다. 구글은 언어, 국적, 사용자의 현재 위치에 따라서 검색 결과를 선별한다. 그밖에 다른 선별은 "사람들은 이미 아는 것을 검색하지 않는다"라는 원리에 따라 이루어진다고 그 직원은 말했다. 예컨대 SNS와 달리 구글은 사람들에게 새로운 것을 보여주려 한다는 것이다. SNS에서 사람들은 혼란스럽지 않고 친숙한 환경 안에서 어쩌면 더 편안한 느낌을 갖겠지만 말이다.

마지막으로, 알고리즘은 선거에도 영향을 미칠 수 있다. 미국 심리학자 로버트 엡스타인은 자신의 연구팀과 함께 인도에서 대규모 실험을 진행했다. 2013년에 실시된 인도 대통령 선거에서 엡스타인의 연구팀은 검색 결과를 조작함으로써 부동층 유권자 2150명의 선택에 영향을 미치는 실험을 수행했다. 자발적으로 실험에 참여한 피험자 전체의 3분의 1은 세 명의 후보 가운데 한 명에 관한 기사를 의도적으로 상위에 올린 검색 결과를 받았다. 그러자 그들의 후보 선호도는 그 상위 후보 쪽으로 최대 20퍼센트 이동했다. 실제로 구글은 의도적으로 정치적 선거에 개입할까? 아마도 그렇지 않을 것이다. 그러나 구글은 알고리즘을 통해 후보들의 중요도를 평가하고 그 평가는 검색 결과에 영향을 미친다.

검색은 인터넷의 핵심 기술이다. 발견되지 않는 것은 존재하지 않는 것과 다름없다. 더 정확히 말하면 구글 검색 결과의 첫 페이지에 뜨지 않는 것은 존재하지 않는 것과 마찬가지다. 왜냐하면 90퍼센트 이상의 사용자는 둘째 페이지를 보는 일이 전혀 없으니까 말이다. 어떤 검색 결과가 첫 페이지에 뜰지 결정하는 단 하나의 독점적 주체는 구글의 알고리즘이다. 심지어 가장 큰 기업들과 이익단체들도 그 알고리즘 앞에 머리를 조아려야 한다. 북미에서만 매년 200억 달러가 자사의 페이지가 검색 결과 목록에서 최대한 상위에 뜨도록 페이지를 변경하는 작업에 쓰인다. 많은 경우에 이 노력은 하루 안에 헛수고로 돌아간다. 왜냐하면 사실상 매일 구글 직원들이 알고리즘 코드에서 몇 행을 바꿔 놓기 때문이다. 이 상황은 민주적일까? 아니다. 기껏해야 능력주의적 meritocratic이다. 구글은 자사의 훌륭한 검색 알고리즘으로 최고의 지위에 올랐기 때문에 시장을 지배한다. 우리는 구글의 힘을 법률과 규제를 통해 제한하는 시도를 할 수 있다. 그러나 그 힘을 깨부수는 것은 오직 더 좋은 알고리즘을 통해서만 가능하다.

3장
내비게이션:
경로 계획－A에서 B로 가는 최적의 경로

택시운전사가 A에서 B로 가는 가장 빠른 길을 알 것이라고 기대하면서 택시를 타던 시절이 있었다. 택시운전사 면허증을 따려면 지리 지식 시험을 통과해야 했다. 심지어 1999년에 런던 유니버시티 칼리지의 과학자들은 런던 택시운전사들의 뇌에서 '해마'라는 특정구역이 일반인의 뇌에서보다 더 발달되어 있음을 발견했다. 그들은 경로 계획 능력을 여러 해에 걸쳐 훈련한 사람들이어서, 비유하자면 그 능력을 발휘하는 근육(해마)이 커진 것이었다.

런던 택시운전사들은 지금도 여전히 지리 지식 시험을 통과해야 한다. 그 시험에서는 런던 지도를 참고하는 것조차 허용되지 않는다. 그러나 오늘날 런던 택시운전사의 대다수는 실제 근무 중에 "외장형" 뇌를 이용한다. 그들은 내비게이션 장치나 핸드폰에 목적지를 입력한다.

그러면 몇 초 안에 최선의 경로가 계산된다.

10년 전만 해도 대다수 사람들은 종이 지도에 의지해서 길을 찾았다. 모든 자동차 안에는 두껍고 대개 엉망으로 낡은 지도책이 있었다. 전 세계의 유명 관광지에는 길모퉁이마다 거대한 시내지도를 펼쳐들고 자신의 위치가 어디인지 알아내려 애쓰는 관광객들이 있었다.

이미 어린 시절에 나는 지도상에서 사용자의 위치를 끊임없이 보여주는 장치를, 이를테면 차량용으로 제작하는 것이 틀림없이 가능하리라고 상상했다. 당시에 나는 종이를 이용한 기계적 해법을 구상했는데 안타깝게도 사용자가 어느 방향으로 이동하든지 편리하게 이용할 수 있도록 지도를 접고 펼치는 방법을 생각해낼 수 없었다. 그후 1980년대부터 전자공학적으로 저장된 지도를 갖춘 내비게이션 장치들이 시장에 나왔다. 그러나 우리가 지리 정보를 취급하는 방식은 2005년에 갑작스럽게 바뀌었는데 그것은 (역시나) 구글 때문이었다. 그해 2월 8일 구글 지도^{Google Maps} 서비스가 온라인에 올라와 세계를 뒤집어놓았다. 그전에도 웹에는 지도들이 있었지만 그것들은 기능이 매우 제한적이었으며 대부분 유료였다. 홀연히 등장한 구글 지도는 과거의 종이 지도들과 비교할 때 몇 가지 결정적인 장점이 있었다.

– 구글 지도는 경계선이 없으며 마우스 클릭이나 '두 손가락 줌^{two fingers zoom}'을 통해 확대하거나 축소할 수 있다. 도시 지도와 세계 지도 사이에 원리적인 차이는 없다. 단지 축척이 다를 뿐이다.
– 사용자의 장치(예컨대 핸드폰)에 GPS 기능이 탑재되어 있으면 사용자의 위치가 구글 지도에 표시되게 할 수 있다.

– 마지막으로 (이 장의 내용과 관련해서 가장 중요한 장점은 이것인데) 구글 지도는 두 지점을 연결하는 최단시간 경로나 최단거리 경로를 다양한 교통수단에 맞게, 또한 많은 경우에 현재 교통 상황까지 고려해서 알려줄 수 있다.

디지털 지도 제작에서 구글은 기술적인 개척자가 아니다. 구글이 불과 몇 년 만에 이룬 업적은 이미 있는 서비스들을 통합하여 사용법이 간단하고 직관적인 소프트웨어를 만든 것이다. 이 일에는 상당한 자원이 투입되었다. 구글은 세계 곳곳에서 수집된 상세한 지도 데이터의 사용권을 취득해야 했고 위성사진 공급업체를 비롯한 여러 회사를 인수해야 했다. 마지막 단계에서는 (논란이 없지 않은 가운데) 구글의 자동차들이 전 세계 곳곳으로 흩어져 많은 나라에서 모든 거리의 모든 집을 촬영했다.

하지만 이 장에서 우리가 관심을 기울일 주제는 구글이 아니다. 중요한 것은 경로 계획, 즉 두 점 사이의 최단거리 경로를 알아내는 기술이다. 당장 이렇게 묻고 싶은 독자도 있을 것이다. 그게 대체 왜 문제가 되지?

우리 자신이, 가령 자동차를 몰고 함부르크에서 뮌헨으로 가려 할 때 전통적인 지도를 보면서 어떻게 경로를 정하는지 생각해보자. 이 작업은 꽤 빠르게 이루어진다. 우리는 먼저 고속도로를 살펴본다. 왜냐하면 고속도로로 가는 것이 가장 빠르다는 것을 알기 때문이다. 이어서 우리는 두 도시를 잇는 최단 직선을 상상으로 긋고 최대한 그 직선과 유사한 경로를 찾는다. 이때 쾰른이나 드레스덴을 경유할 생각을 품는 사람은 아마도 없을 것이다. 실제로 우리는 하노버, 카셀, 뉘른베르크를 거치는 경로가 가장 짧다는 것을 금세 알아챈다. 고속도로로 달리다가 어느 나들목에서 나가야 하는지도 대개 명확하게 알 수 있다. 우리는 목적지에서 가장 가까운 나들목을 선택한다. 하지만 그렇게 선택하면 목적지에서 멀리 벗어나게 되는 경우가 있다. 그런 경우에만 우리는 더 일찍 고속도로에서 내려와 마지막 몇 킬로미터를 국도로 이동한다.

그런데 국도와 지방도로 이루어졌지만 훨씬 더 짧은 경로가 있을 경우에 우리의 길 찾기는 난해해진다. 이 경우에 우리는 고속도로가 우회로이긴 하지만 더 빠르게 달리기 때문에 결과적으로 더 나은지 따져봐야 한다. 이럴 때 우리 대다수는 느낌에 의지해서 결정을 내린다. 또한 연료 소비나 경치 같은 요소들도 우리의 결정에 끼어든다.

컴퓨터는 도로망에서 최단 경로를 어떻게 찾아낼까? 과거에 고전적인 수학자에게 이 질문을 던졌다면, 그는 질문자가 한심하다는 듯이 어깨를 으쓱했을 것이다. 이 문제는 그에게 하찮을 정로도 쉽다. 도로망은 유한하므로 함부르크와 뮌헨을 잇는 가능한 경로의 개수도 유한하다. 그 모든 경로의 길이를 계산하고 길이가 가장 짧은 경로를 찾아내라. 풀이 끝.

그러나 이 문제풀이 '알고리즘'은 매우 번거롭고 시간이 오래 걸린다는 단점이 있다. 이동 중에 한 장소를 두 번 거치는 경로를 배제하더라도 (다시 말해 "고리"가 없는 경로들만 따져도) 두 지점을 잇는 가능한 경로의 개수는 단순한 도로망에서도 아주 많다. 더구나 도로망이 커지면 그 개수는 지수적으로 증가한다. 실제 지도에서 이 같은 '모든 경우 따지기^{brute force'} 방법으로 최단 경로를 찾아내려 한다면 가장 빠른 컴퓨터도 문제를 풀지 못한다.

아주 간단한 예로 도시 13곳을 연결하는 도로망을 생각해보자. 두 도시를 잇는 도로는 하나뿐이다. 도로의 길이는 아래 그림에서 킬로미터 단위로 표기되어 있다.

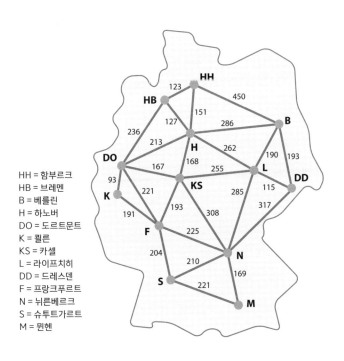

HH = 함부르크
HB = 브레멘
B = 베를린
H = 하노버
DO = 도르트문트
K = 쾰른
KS = 카셀
L = 라이프치히
DD = 드레스덴
F = 프랑크푸르트
N = 뉘른베르크
S = 슈투트가르트
M = 뮌헨

예컨대 우리는 함부르크에서 일단 베를린으로 간 다음에 하노버를 거쳐 도르트문트로 가고 이어서 카셀, 라이프치히, 드레스덴을 거쳐 뉘른베르크, 슈투트가르트, 뮌헨으로 갈 수 있을 것이다. 이 여행의 경로는 어디에서도 자신과 교차하지 않으며 총 길이가 무려 2234킬로미터에 달한다. 물론 이렇게 여행하면 독일의 대부분을 구경할 수 있겠지만 합리적인 사람이라면 함부르크에서 뮌헨으로 가려 할 때 이런 경로는 아예 고려하지 않을 것이다. 그러므로 경로 계획 알고리즘은 이런 불합리한 경로들을 애당초 배제할 필요가 있다.

최적 경로 계획 알고리즘이 처음 개발된 것은 실용성을 갖춘 최초의 컴퓨터가 나오고 몇 년 지나지 않은 때였다. 상상의 시간여행을 통해 1956년으로 되돌아가보자. 당시 네덜란드 암스테르담의 수학센터에서 일하던 젊은 물리학자 에츠허르 데이크스트라는 프로그래머가 되기로 결심했다. 그 시절에는 아직 프로그래머라는 직명이 없었다. 정보학이라는 과학은 더 말할 것도 없었다. 그러니 컴퓨터 프로그래머의 지위가 과학자보다 낮은 것은 당연한 일이었다. 그러나 데이크스트라는 자신의 생각을 기계가 실행할 수 있도록 구체화하는 기술에 매료되었다. 훗날 그는 이 시절을 회상하면서 이렇게 말했다. "그 기술을 위해서는 창의성과 엄밀성의 융합이 필요했다."

당시 암스테르담에서 제작된 컴퓨터는 ARMAC이었다. 이 기계는 제대로 작동하는 최초의 네덜란드 컴퓨터였다. ARMAC의 계산 성능은 오늘날 돌이켜보면 가소로운 수준이다. 그 기계가 1초에 실행할 수 있는 곱셈은 약 200회였다. (오늘날의 개인용 컴퓨터들은 약 10억 회 해낸다.) 그러므로 장엄한 결단으로 프로그래머의 길에 들어선 데이크스트라가 컴퓨터 홍보를 위해서 짜야 할 프로그램은 너무 복잡하지 않으면서도 대중을 감탄시켜야 했다.

데이크스트라는 두 도시를 잇는 최단 경로를 알려주는 프로그램을 짜기로 결심했다. 그는 단순화된 네덜란드 지도를 선택했다. 그 지도에는 도시 64곳과 그곳들을 연결하는 도로가 표시되어 있었다. 프로그램 작성은 긴 시간을 필요로 하지 않았다. 훗날 어느 대담에서 데이크스트라는 이렇게 말했다. "나는 약혼자와 암스테르담에서 쇼핑을 마치고 꽤 피곤한 상태였어요… 우리는 어느 카페에 앉아 커피를 마셨죠. 그때 나는 그 문제를 숙고하기 시작했습니다. 그러다가 최단 경로를 계산하는 알고리즘을 개발했어요. 20분밖에 안 걸렸습니다."

천재적인 발견에 관한 많은 이야기에서 벼락같은 깨달음에 이른 주인공은 카페의 냅킨을 펼쳐놓고 미친 듯이 수식을 적는다. 하지만 데이크스트라는 순전히 머릿속으로 알고리즘을 구상했다. "종이와 펜이 없으면 제거할 수 있는 모든 복잡성을 제거하는 것이 거의 불가피합니다."

그로부터 3년 뒤에 발표된 논문도 놀랄 만큼 간결하다. 그 논문은 인쇄된 형태로 3쪽 분량이며 단 하나의 수식도 들어 있지 않다. 당연한 말이지만 이 단순한 알고리즘이 에츠허르 데이크스트라의 유일한 과학적 업적은 아니다. 그는 나중에 가장 저명한 정보학자의 반열에 올랐고, 정보학이라는 새로운 과학은 다양한 성과를 냈다. 그러나 그의 이름을 따서 명명된 경로 계획 알고리즘은 지금도 대다수 경로 계획 프로그램의 기초로 활용된다.

경로 계획을 다루는 수학 분야는 그래프 이론이다. 그래프는 이른바 꼭짓점 vertices과 그것들을 잇는 변 edges으로 이루어진다. 변은 방향을 가질 수 있으며(A에서 B로 가는 변과 B에서 A로 가는 변이 따로 있을 수 있다) 각각의 변은 '가중치'를 가진다(각각의 변에 특정한 값이 부여된다). 이 같은 그래프의 속성은 내비게이션 시스템에서 다음과 같이 반영된다.

내비게이션 개발자는 현실의 지리적 특징(예컨대 도로의 굴곡)을 무시하고 두 점을 잇는 도로 하나가 있을 경우 두 점을 변 하나로 연결한다. 그 변의 가중치는 (최단거리 경로를 찾으려 한다면) 도로의 길이일 수도 있고 (최단시간 경로를 찾으려 한다면) 그 도로를 주파하는 데 걸리는 시간일 수도 있다. 찾으려는 경로가 자동차를 위한 것인지, 아니면 보행자나 자전거를 위한 것인지에 따라서 동일한 그래프에 다양한 가중치를 부여할 수 있다.

그래프의 꼭짓점은 내비게이션 시스템에서 무엇에 해당할까? 도로들이 교차하는 곳, 즉 다양한 방향으로의 회전이 가능한 교차점에 해당한다. 경로를 계획하는 사람은 꼭짓점에 이를 때마다 여러 선택지 중 하나를 골라야 한다. 데이크스트라가 예로 삼은, 도시 64곳이 나오는 지도는 과감하게 단순화한 네덜란드 지도였다. 그 지도에 나오는 두 도시를 잇는 도로는 항상 하나뿐이며 중간에 교차점이 없었다. 우리가 방금 전에 본 독일 지도도 마찬가지다. 우리는 고속도로망을 이용하여 함부르크에서 뮌헨으로 간다. 그래프의 변에 부여된 가중치는 도로의 길이이며 우리가 찾으려는 것은 최단 경로(최단거리 경로)다. 독일 지리를 잘 아는 독자는 함부르크와 베를린 사이 거리를 450킬로미터로 잡은 것이 지나치다고 항변할지도 모른다. 옳은 지적이다. 그 거리는 평소에 288킬로미터에 불과하다. 그러나 우리는 그 고속도로의 일부 구간이 공사 중이어서 상당히 멀리 우회해야 하기 때문에 결국 총 거리가 450킬로미터로 늘어날 수밖에 없다고 전제하겠다. 그러나 이 우회를 표현하기 위해 그래프상의 변을 곡선으로 그릴 필요는 없다. 그 변은 그냥 직선으로 놔두고 가중치만 더 높이면 된다. 왜 그런지는 곧 알게 될 것이다.

에츠허르 데이크스트라는 머릿속으로 알고리즘을 고안했지만 우리는 그의 생각을 일단 공간적으로 표현하려 한다. 앞서 본 독일 지도에서 함부르크로부터 뻗어나가는 도로는 3개다. 우리가 함부르크에서 그 도로 각각으로 오토바이 운전자 한 명씩 총 3명을 보낸다고 해보자. 그들은 각각 브레멘, 하노버, 베를린으로 갈 것이다. 오토바이들은 시속 60킬로미터로 일정하게 달린다. 1분에 1킬로미터를 가는 셈이다. 운전자가 꼭짓점에 도달하여 여러 갈래 길 앞에 서면 동료들이 나타나 그를 돕는다. 즉, 그는 주행을 멈추고 동료들이 각각의 갈래를 맡아서 주행하여 모든 각각의 도로를 한 운전자가 달리게 된다.

그런데 중요한 제한조건이 하나 있다. 한 꼭짓점, 곧 한 도시에 도착한 운전자는 곧바로 그 소식을 다른 모든 운전자들에게 알린다. 그러면 그 도시는 "방문한 곳"으로 지정되고 이후 어떤 운전자도 그 도시로 향하면 안 된다. 그러나 이미 그 도시로 향하는 도로에 들어선 운전자들은 그 소식을 들어도 그냥 계속 갈 수밖에 없다. 그들은 결국 그 도시에 도착할 테지만 우리의 관심에서 배제된다.

이 알고리즘은 '방문한 도시' 각각과 함부르크 사이의 최단 경로를 알려준다. 누가 이미 방문한 도시를 뒤늦게 방문하는 운전자가 있다면 그는 더 긴 경로를 거쳤을 테니까 말이다. 그리고 한 운전자가 최초로 뮌헨에 도착하면 알고리즘은 종결되어도 무방하다. 우리가 찾으려는 최단 경로는 그 운전자가 거친 경로다.

85쪽의 그림은 운전자들의 주행 상황을 보여준다. 운전자 각각을 알파벳 a, b, c 등으로 표시했다. 한 도시에 가장 먼저 도착한 운전자의 경로는 지도 속에서 굵은 변으로 나타냈다. 그 경로는 함부르크와 그 도시를 잇는 최단 경로다. 결과적으로 함부르크와 지도상의 모든 도시 각각을 잇는 최단 경로들이 모두 표시되었다. 뮌헨으로 가는 최단 경로를 거치는 운전자들은 b, g, l, y다.

이 최단 경로 찾기 알고리즘에서 눈여겨 볼 점들은 아래와 같다.

- 이 알고리즘은 뮌헨으로 가는 최단 경로뿐 아니라 다른 모든 도시로 가는 최단 경로를 찾아낸다. 일반적으로 데이크스트라 알고리즘은 A와 B를 잇는 최단 경로뿐 아니라 A와 B 사이 거리보다 더 가깝게 A에서 떨어진 모든 꼭짓점과 A를 잇는 최단 경로도 찾아낸다.
- 우리가 예로 든 연결망에서는 수학자들이 말하는 '삼각부등식'이 깨지는 사례, 즉 연결망 상에서 "우회로"는 직통로보다 더 길다는 규칙이 깨지는 사례가 딱 한 번 있다. 고속도로 공사 때문에 함부르크에서 베를린으로 직접 가는 경로보다 하노버를 거쳐 베를린으로 가는 경로가 더 짧다.
- 이 알고리즘이 작동되면 가상의 운전자들은 그래프상의 모든 변을 거친다. 심지어 베를린에서 드레스덴으로 가는 변과 도르트문트에서 쾰른으로 가는 변처럼 뮌헨 방향을 확연히 벗어난 변까지 주행한다. 85쪽의 지도에서 굵은 선으로 표시한 변 12개만 최적 경로에 속하지만, 가상의 운전자들은 다른 고속도로 구간 13개도 주파한다.

무엇보다도 마지막 특징에서 이 알고리즘의 약점이 드러난다. 이 알고리즘은 작동 중에는 자신이 목적지에서 얼마나 멀리 떨어져 있는지

함부르크

함부르크에서 오토바이 운전자 a, b, c가 각각 브레멘, 하노버, 베를린을 향해 달린다. 그 도시들에 도착한 운전자들은 새 운전자들을 다음 구간들로 보낸다(이를 가는 선으로 표시함). 운전자가 처음 도착한 모든 도시 각각에서 이런 일이 벌어진다. 지도상의 굵은 선들은 도시에 최초로 도착한 운전자가 거친 구간을 나타낸다. 그 굵은 선들을 보면 함부르크에서 각 도시로 가는 최단 경로를 알 수 있다.

HH = 함부르크
HB = 브레멘
B = 베를린
H = 하노버
DO = 도르트문트
K = 쾰른
KS = 카셀
L = 라이프치히
DD = 드레스덴
F = 프랑크푸르트
N = 뉘른베르크
S = 슈투트가르트
M = 뮌헨

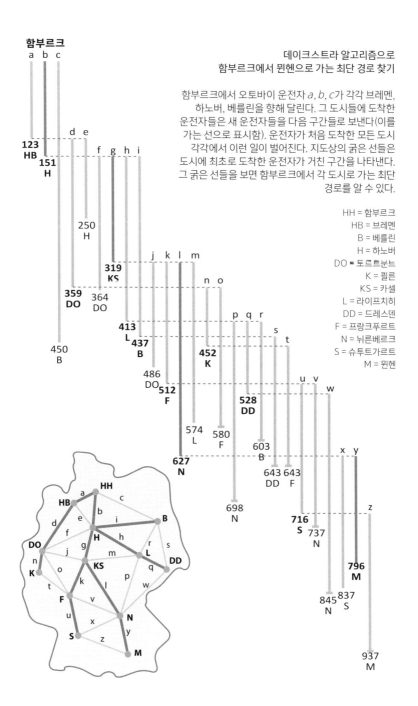

를 모른다. 알고리즘이 아는 것은 현재까지 자신이 주파한 변의 길이 뿐이다. 이 때문에 알고리즘은 어디에서도 멈추면 안 된다. 가령 도르트문트에서 알고리즘이 '93킬로미터를 달려 쾰른으로 가는 것이 이로울까?'라고 자문하고 그 답을 알아내려 한다면 오토바이 운전자 한 명을 쾰른으로 보내야 한다. 쾰른에 가보지 않으면 답을 알 수 없기 때문이다. 쾰른에서 뮌헨으로 통하는 비밀 지름길이 있을 수도 있으니까 말이다. 이를테면 쾰른과 뮌헨을 잇는 100킬로미터 길이의 웜홀이 있을지도 모르고, 그러면 쾰른을 거쳐 뮌헨으로 가는 길이 최단 경로일 것이다. 이 알고리즘은 지리적인 지식이 전혀 없으며 한 운전자가 뮌헨에 도착해야 비로소 작동을 멈출 수 있다. 그러나 지리적 지식을 동원하면 훨씬 더 효율적인 알고리즘을 개발할 수 있다.

데이크스트라 알고리즘의 결정적인 개량은 1968년 캘리포니아에 위치한 스탠퍼드 연구소SRI에서 이루어졌다. 젊은 기술자 피터 하트, 닐스 닐손, 버트럼 래피얼은 그곳에서 로봇을 가지고 실험하는 연구자들이었다. 그들의 주요 프로젝트는 기계 부품들을 엉성하게 쌓아놓은듯한 모양의 셰이키Shakey라는 로봇을 이용한 실험이었다. 그들은 셰이키에게 방안에서 자유롭게 돌아다니며 장애물을 피하는 법을 가르치려 했다. 셰이키는 A 지점에서 건너편 방구석의 B 지점을 찾아가기 위해서 자신이 아는 모든 장애물을 고려하면서 경로를 계획해야 했다. 셰이키는 그 장애물들이 기록된 일종의 '내면 지도'를 보유하고 있었다. 연구자들은 일단 잘 알려진 데이크스트라 알고리즘을 채택했지만, 그렇게 하면 경로망의 복잡성이 증가할 때 계산 시간이 너무 급격하게 증가하리라는 것을 처음부터 예상할 수 있었다. 당시의 컴퓨터들은 데이크스트라가 사용했던 컴퓨터보다 훨씬 더 발전한 상태였지만 여전히 오늘날의 전자계산기보다 성능이 약했다.

닐손은 지리 지식을 알고리즘에 집어넣는 방법을 고안했다. 우리는 설령 도로망을 모르더라도 함부르크, 쾰른, 드레스덴이 뮌헨에서 얼마나 먼지 대충 안다. 실제 삶에서 임의의 두 도시를 잇는 육상 경로는 아무리 최적으로 계획하더라도 직선 경로보다 더 짧을 수 없다. 만일 함부르크에서 각 도시로 가는 직선 경로를 모두 안다면, 우리는 모든 육상 경로 길이 각각의 '하한선'을 아는 셈이다. 곧 보겠지만 이 하한선을 이용하며 대부분의 불합리한 경로들을 처음부터 배제할 수 있다.

이런 추가 지식을 '어림규칙heuristic'이라고도 한다. 스탠퍼드 연구소의 세 연구자가 개발한 알고리즘의 이름은 A*이다. 이 알고리즘은 공동작품이다. 닐손은 직선 경로에 관한 아이디어를 떠올렸고, 래피얼은 알고리즘의 원리적인 단계들을 고안했으며, 하트는 그 알고리즘이 확실히 최단 경로를 찾아낸다는 것을 증명했다. 하트의 회고에 따르면 "그날 나는 집으로 가서 소파에 앉아 한 시간 동안 벽을 응시했다." 그러다가 퍼뜩 깨달았다.

A* 알고리즘(이하 A*)의 작동원리는 이러하다. 데이크스트라 알고리즘에서와 마찬가지로 우리는 목적지에 도달할 때까지 그래프상의 변을 하나씩 차례로 거치며 나아간다. A*도 원리적으로 모든 경로들을 살펴본다. 따라서 확실히 최단 경로를 찾아낸다. 그러나 A*는 매순간 어림규칙을 이용하여 자신과 뮌헨 사이 거리의 하한선을 추정하고 거기에 기초해서 최선의 경로를 선택한다.

이런 작동원리의 기반은 지도상의 각 도시와 뮌헨을 잇는 직선 경로

B	DD	DO	F	H	HB	K	KS	L	M	N	S
504	359	477	304	489	583	456	384	360	0	166	191

HH = 함부르크, HB = 브레멘, B = 베를린, H = 하노버, DO = 도르트문트, K = 쾰른, KS = 카셀
L = 라이프치히, DD = 드레스덴, F = 프랑크푸르트, N = 뉘른베르크, S = 슈투트가르트, M = 뮌헨

의 길이를 수록한 어림 추정용 표다.

이어지는 설명에서 우리는 오토바이 운전자들을 동원하는 대신에 실제로 컴퓨터가 작동하는 방식을 그대로 따를 것이다. 우리는 (함부르크를 제외한) 도시들을 "방문한" 도시와 "방문하지 않은" 도시로 분류한다. 방문한 도시는 함부르크에서 그 도시까지의 최단 경로를 우리가 이미 아는 도시다. 처음에는 모든 도시들이 방문하지 않은 도시다.

첫 단계에서 우리는 함부르크에서 직통 경로로 갈 수 있는 도시 세 곳에 각각 두 개의 값을 부여한다. 첫째 값은 그래프상에서 해당 도시와 함부르크 사이 거리 g다. 둘째 값은 우리가 해당 도시를 거칠 경우에 예상되는 함부르크–뮌헨 경로 길이의 하한선 추정치 s다. 바꿔 말해 s는 해당 도시에서 뮌헨까지 가는 직선 경로 길이에 g를 더한 값이다.

방문하지 않은 도시

	B	DD	DO	F	H	HB	K	KS	L	M	N	S
g	450				**151**	123						
s	954				**640**	706						

우리는 이 세 도시 중에서 s 값이 가장 작은 도시를 찾아낸다. 이제부터 그 도시는 방문한 도시의 집합에 속한다. 이어서 그 도시에서 직통 경로로 갈 수 있는 모든 도시에 g 값과 s 값이 부여된다.

	B	DD	DO	F	HB	K	KS	L	M	N	S		H
g	437				123		**319**	413					
s	941				706		**703**	773					

자세히 보면 알 수 있듯이, 이 표에서 베를린은 새로운 g 값과 s 값을 얻었다. 왜냐하면 지금 검토되는 것은 함부르크에서 하노버를 거쳐 베를린으로 가는 경로이고 이는 함부르크에서 베를린으로 가는 직통 경로보다 더 짧기 때문이다.

위 표에서 s 값이 가장 작은 도시는 카셀이다. 따라서 카셀은 "방문한 도시"로 분류되고 프랑크푸르트, 뉘른베르크, 라이프치히에 g 값과 s 값이 부여된다.

방문하지 않은 도시 방문한 도시

	B	DD	DO	F	HB	K	L	M	N	S		H	KS
g	437		364	512	**123**		413		627				
s	941		841	816	**706**		773		793				

이 표에서 s 값이 가장 작은 도시는 브레멘이다. 따라서 우리는 다시 처음으로 돌아가 함부르크에서 선택할 수 있는 둘째 경로, 곧 브레멘을 거치는 경로를 살펴본다.

방문하지 않은 도시 방문한 도시

	B	DD	DO	F	K	L	M	N	S		H	KS	HB
g	437		359	512		**413**		627					
s	941		836	816		**773**		793					

보다시피 우리가 브레멘을 거치면 도르트문트로 가는 경로가 앞선 표에서보다 더 짧아진다. 알고리즘 작동의 다음 단계들은 아래와 같다.

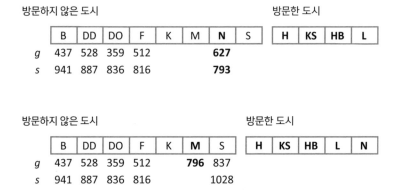

드디어 우리는 뮌헨에 도착했다. 마지막 표에서 g 값은 실제 고속도로 경로의 길이다. 뮌헨의 g 값은 다른 모든 경로의 s 값보다 작다. 이는 다른 모든 경로 각각의 길이 하한선이 우리가 찾아낸 경로의 길이보다 더 크다는 뜻이다. 따라서 다른 모든 경로는 결코 우리가 찾아낸 경로보다 더 짧을 수 없다. 그러므로 우리는 알고리즘을 종료할 수 있다. 알고리즘은 뮌헨으로 가는 최단 경로를 찾아냈다.

91쪽의 지도가 보여주듯이 우리는 탐색 작업을 대폭 줄였다. 우리는 25개의 변을 모두 검토하는 대신에 17개만 검토했다. 쾰른을 거치는 경로는 아예 고려하지 않았다. 하지만 그 대가로 우리는 함부르크에서 출발하여 "방문한" 도시 다섯 곳과 뮌헨에 도달하는 최단 경로들만 알아냈다. 앞서 데이크스트라 알고리즘은 모든 최단 경로들을 알려주었는데 말이다.

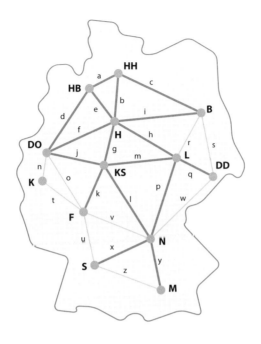

이 예에서 데이크스트라 알고리즘과 A* 사이의 차이는 대수롭지 않게 보일 수도 있겠다. 그러나 도로망이 더 커지면 그 차이는 매우 뚜렷해진다. 예컨대 미국 동해안에서 서해안으로 가는 경로를 탐색한다고 해보자. 그러면 A*는 매우 효율적으로 작동하는 반면 데이크스트라 알고리즘은 최적 경로를 찾아내기 위해 도로망 전체를 살펴야 한다.

당연한 말이지만, A*도 "길을 잃을 수" 있다. 그런 일은 직선 경로 근처에 적당한 도로가 없을 때 발생한다. 그럴 때 A*은 모든 막다른 길 각각에 들어섰다가 되돌아 나온다. 예컨대 앞선 지도에서 고속도로 k 와 l이 없거나 완전히 봉쇄되었다면, 카셀을 거치는 경로는 최단 경로가 아니므로 우리는 두 단계 뒤로 돌아가서 브레멘을 거치는 경로를 선택해야 한다. 하지만 이럴 때도 A*는 계산시간을 절약한다.

실제 내비게이션 시스템이 다루는 그래프는 우리의 예에 나오는 그래프보다 당연히 훨씬 더 크다. 도로의 교차점 각각은 연결망의 새로운 꼭짓점이다. 북아메리카 도로망은 그런 꼭짓점을 약 3500만 개 지녔다. 이 정도로 복잡한 그래프를 다루기에는 A*도 효율성이 너무 낮다. 우리는 자동차 운전석에 앉아 시동을 걸고 목적지를 입력하면 내비게이션 장치가 몇 초 안에 경로를 알려주리라고 기대하니까 말이다. 그러므로 경로 계획 알고리즘은 다양한 방식으로 단순화된다. 몇 가지 예를 들면 아래와 같다.

- 이미 언급했듯이 도로에 위계가 설정되고 (고속도로―국도―지방도…) 통행이 느린 도로는 자동차가 빠른 도로로 목적지에 최대한 접근한 다음에야 비로소 고려된다.
- 출발점에서 목적지로 가는 A*와 거꾸로 목적지에서 출발점으로 가는 A*을 동시에 작동시키면 경우에 따라 더 효율적일 수 있다. 두 알고리즘이 중간에서 만나면 경로를 찾아낸 셈이다.
- 자주 이용하는 경로들을 미리 계산해서 시스템에 저장해둘 수 있다. 그러면 알고리즘은 표에서 경로와 거리를 살펴보기만 하면 된다.
- 알고리즘이 꼭 절대적인 최단 경로를 찾아내야 하는 것은 아니다. 한 경로를 찾아냈는데 다른 경로들이 그 경로보다 기껏해야 1퍼센트 더 짧다는 것을 알 수 있다면 사실상 알고리즘을 종료해도 무방하다.

경로 계획 알고리즘은 구체적인 공간적 거리를 다루는 문제에만 적용 되는 것이 아니다. 많은 문제들을 가중치가 부여된 변을 포함한 그 래프로 표현할 수 있다. 그런 그래프에서 최단 경로를 찾는 문제는 도 로망에서 최단 경로를 찾는 문제와 다르지 않다. 한 예로 이른바 외환 재정 거래 arbitrage가 있다. 이 거래에서 거래자는 한 화폐를 다른 화폐 로 교환하고 때로는 셋째, 넷째 화폐 등으로 교환한 다음에 결국 다시 원래 화폐로 교환하여 이익을 챙긴다. 이때 각 화폐를 그래프의 꼭짓점 으로 나타낼 수 있다. 또한 그래프는 각각의 꼭짓점에서 다른 모든 꼭 짓점으로 가는 변을 빠짐없이 갖춘 '완전 그래프'로 표현된다. 이 그래 프에서는 변의 방향노 숭요하다. 예컨대 유로를 달러로 바꾸는 환율과 달러를 유로로 바꾸는 환율이 서로 다르니까 말이다. 방금 전에 언급 한 것과 같은 외환 재정 거래는 이 그래프상의 닫힌 경로로 표현된다.

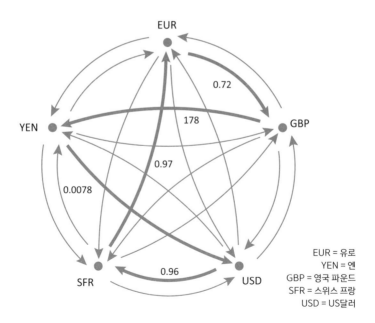

EUR

0.72

YEN   178   GBP

0.97

0.0078

SFR   0.96   USD

EUR = 유로
YEN = 엔
GBP = 영국 파운드
SFR = 스위스 프랑
USD = US달러

이 예에서(굵은 화살표들을 주목하라) 거래자는 유로를 먼저 파운드로 교환한 다음에 파운드를 엔으로, 엔을 달러로, 달러를 스위스 프랑으로, 스위스 프랑을 유로로 바꾼다. 나는 이 화폐 교환과 유관한 환율만(2015년 4월 22일 기준) 화살표 옆에 적어놓았다. 거래자가 100유로를 가지고 이 화폐 교환을 하면 최종적으로 얼마를 얻을까?

$$100 \times 0.72 \times 178 \times 0.0078 \times 0.96 \times 0.97 = 93유로$$

요컨대 손해 보는 장사다. 손해가 생기는 이유는 당연히 매번의 교환에서 은행이 약간의 이익을 챙기려 하는 것에 있다. 그러나 환율이 항상 이 예에 나오는 주요 통화들 사이의 환율처럼 서로 간에 합리적인 관계를 유지하는 것은 아니다. 때로는 환율이 비합리적으로 책정되는 경우가 있다. 그럴 때 거래자는 절묘한 화폐 교환으로 이익을 챙길 수 있고 이를 전문용어로 '재정 거래'라고 한다.

환율의 불균형을 한껏 이용하려면 거래자는 환율 그래프를 누비는 최적의 경로를 찾아내야 한다. 그런데 도로망에서 최적 경로를 찾을 때 변의 가중치를 덧셈하는 것과 달리 여기에서는 환율을 곱셈해야 한다. 그래서 문제가 복잡해질 것 같지만 계산에서 환율 대신에 환율의 로그를 다루면 문제가 해결된다. 즉, 두 수의 곱의 로그는 두 수 각각의 로그들의 합과 같다는 사실을 이용하여 곱셈을 덧셈으로 바꿀 수 있다.

그런데 1보다 작은 수의 로그는 음수다. 따라서 그래프에는 음수 가중치를 가진 변이 등장하고 거래자는 그런 그래프에서 길이가 양수인 경로를 찾아내야 한다(1유로로 1유로보다 많은 금액을 얻는 것이 거래의 목적이니까). 이런 그래프에는 데이크스트라 알고리즘이나 A* 알고리즘을 적용할 수 없다. 하지만 외환거래자가 이런 그래프에서 모든 가능한 경로들을 살펴보지 않고도 최적의 경로를 찾아낼 수 있게 해주는 다른 알고리즘들이 있다. 에츠허르 데이크스트라가 1956년에 겨우 20분 동안 궁리하여 고안한 알고리즘은 지금도 쓰인다. 당시에 그는 그 경로 계획 알고리즘이 미래에 얼마나 많은 분야에서 활용될지 상상조차 하지 못했을 것이 틀림없다.

4장

추천:
아마존과 넷플릭스는
우리의 취향을 어떻게 알까

몇 년 전에 영화배우 케빈 스페이시는 한 제작사로부터 출연 제안을 받았다. 신작 텔레비전 시리즈의 주연을 맡아달라는 것이었다. 제작사 관계자들은 그에게 이렇게 말했다. "우리는 당신을 믿어요. 우리가 보유한 데이터를 분석한 결과, 이 시리즈가 큰 호응을 받을 것이라는 결론이 나왔습니다. 파일럿 프로그램은 필요하지 않아요. 스페이시 씨가 주연을 맡는다면 몇 회 정도 촬영하실 의향이 있나요?"

이 이야기는 그 제안을 수락한 케번 스페이시가 나중에 〈뉴요커〉지 기자에게 들려준 것이다. 워싱턴의 부패한 정치인들을 다룬 텔레비전 시리즈 〈하우스 오브 카드House of Cards〉는 어마어마한 성공을 거뒀다. 평론가들과 대중이 하나같이 열광했다. 현재 네 번째 시즌의 시작을 목전에 둔 그 시리즈는 넷플릭스가 발명한 새로운 텔레비전 방영 방식이 적용된 대표적인 사례다. 넷플릭스는 한 시즌의 모든 에피소드를 동시에 온라인에 올리고, 원하는 시청자는 그것들을 한꺼번에 볼 수 있다. 이를 '몰아서 보기binge watching'라고 한다. 이제 시청자는 일주일 동안 조바심을 내며 다음 에피소드를 기다리지 않아도 된다.

넷플릭스는 고객의 서비스 사용 행태에 관한 데이터를 철저하게 수집하는 회사로도 잘 알려져 있다. 가장 먼저 눈에 띄는 목적은 고객에게 새 영화들을 추천하는 것이다. 그러나 〈하우스 오브 카드〉가 보여주듯이 사용자의 취향에 관한 데이터는 대규모 투자를 결정할 때 매우 중요한 구실을 할 수 있다.

주말을 맞은 고객은 넷플릭스의 카탈로그에서 볼 만한 영화를 고를 수 있는데, 그 카탈로그에는 약 7만 5000편의 영화가 등재되어 있다. 아마존에서는 250만 권의 책 중에 한 권을 고를 수 있다. 애플사의 음악 서비스인 아이튠스에서 구할 수 있는 노래는 3000만 곡이 넘는다. 사정이 이렇다 보니 사용자들은 정작 영화나 음악은 즐기지도 못하고 검색을 하느라 저녁시간을 다 보내기 일쑤다.

과거에 우리는 영화나 책을 어떻게 선택했을까? 일단 가능한 선택지의 개수가 한눈에 굽어볼 수 있는 수준이었다. 나의 청소년 시절을 예로 들면 좋을 성싶다. 1970년대에 우리는 주로 라디오에서 나오는 음악을 들었다. 팝 음악에 관심이 있는 사람(내 또래는 모두 그런 사람이었다)은 그 공공연한 합법적 독점의 시대에 몇 개 안 되는 팝음악 방송이 잡히는 지역에 산다면 행운아로 자부해도 좋았다. 나머지 라디오 방송을 지배하는 것은 독일 유행가였다. 뮤직비디오는 없었고 텔레비전은 팝음악과 록음악을 아주 드물게만 방송했다. 〈무지클라덴Musikladen〉이나 더 나중에 등장한 전설적인 음악 프로그램 〈록팔라스트^{Rockpalast}〉가 방송될 때면 아주 작은 텔레비전 수상기 앞에 청소년들이 떼를 지어 모여들곤 했다.

당연히 골수팬들은 이런 식으로 접하는 주류 팝음악에 만족할 수 없었다. 그들은 〈무지크엑스프레스^{Musikexpress}〉와 〈스펙스^{Spex}〉 같은 음악 잡지를 샀다. 거기에는 음반 평론과 최신 인기 밴드에 관한 기사가 실려 있었다. 나는 1년 내내 이런저런 밴드에 관한 글을 읽으면서 그들의 음악을 그저 막연히 상상할 때가 많았다. 그러다가 음반 가게에 가서 혹시나 하는 마음으로 빠듯한 용돈을 털어 그 밴드들의 음반을 사곤 했다. 한 번 들어본 후 음반을 반품하고 돈을 되돌려 받는 것은 불가능했다. 어떤 앨범이든지 한 번 들어보고 나서 구매하고 영화도 최소한 예고편을 무료로 보는 것을 당연시하는 요새 사람들은 그 시절을 거의 상상할 수 없을 것이다.

하지만 새로운 음악적 영감의 주요 원천은 뭐니 뭐니 해도 친구들이었다. 친구 하나가 새 음반을 구입하면 다 함께 그 음반을 듣고 카세트테이프에 녹음했다(당시에는 '불법 복제'라는 개념이 아직 없었다). 그리고 새 음반이 나왔다는 소식을 퍼뜨렸다. "끝내주는 음반이야. 너도 꼭 들어야 해." 정보는 사회연결망의 변들을 따라 완전히 아날로그 방식으로 흘렀다. 그런데 정보의 전달과 수용에 관한 규칙이 있었다. 나는 과거에 나와 비슷한 취향을 가졌던 친구의 추천을 신뢰했다. 때로는 추천된 음반에 대해서 아무것도 모르더라도 말이다. 또한 유행병의 확산에서 유난히 많은 타인들을 감염시키는 이른바 '슈퍼전파자'가 있듯이 청소년들 사이에는 타인의 취향을 선도하는 음악 지도자들이 있었다.

(그들이 실제로 전문성이 있어서 그랬는지, 혹은 그저 멋진 놈들이라는 평판을 듣는 덕분에 그랬는지는 중요하지 않다.)

취향의 바이러스식 확산은 단점도 있었다. 친구 관계가 끝나면 취향 확산 시스템도 붕괴했다. 전파 경로가 사라지면 바이러스가 사멸하는 것과 마찬가지로 가족과 직장동료로 이루어진 소규모 연결망 안으로 퇴각한 사람에게는 새로운 음악 경향이 더는 도달하지 않는다. 이것은 20대를 훌쩍 넘긴 사람들이 여전히 젊은 시절에 듣던 음악을 즐기는 이유 중 하나다. 물론 나이를 먹을수록 취향이 어느 정도 굳어지는 것도 이유로 꼽아야겠지만 말이다. 사람들은 익숙한 것을 즐기기 마련이다.

디지털 시대인 지금은 온라인 쇼핑몰이 그런 추천 시스템을 모방하려 애쓴다. 하지만 그 업체들은 페이스북처럼 유리한 입장이 아니다. 페이스북은 실제로 사람들 사이의 사회적 연결망을 파악하고 있는 반면 그 업체들은 그렇지 않으니까 말이다. 온라인 쇼핑몰은 단지 고객들의 과거 구매 내역이나 검색 내역만 안다. 그러나 온라인 쇼핑몰도 고객의 취향을 파악할 수 있다. 추천 시스템은 고객의 마음에 들 확률이 높은 상품, 노래, 영화를 추천해야 한다. 추천 상품은 고객이 이제껏 소비한 상품과 매우 유사한 것에 국한되지 않는다. 이상적인 디지털 추천 시스템은 고객의 기존 취향을 약간 벗어나지만 그와 유사한 취향을 가진 "가상 친구들"로부터 좋은 평가를 받는 상품도 추천한다.

물론 업체들이 이웃사랑의 정신으로 이 모든 일을 하는 것은 아니다. 온라인 쇼핑몰은 더 많은 상품을 팔기 원하며 심지어 넷플릭스처럼 고객으로부터 월간 정액 요금을 받는 영화 대여업체도 고객의 소비

량이 증가하기를 바란다. 왜냐하면 많은 영화를 보는 회원은 서비스를 한두 달 이용하다가 탈퇴하기보다 오랫동안 회원으로 남을 확률이 높다는 것을 데이터가 보여주기 때문이다.

온라인 쇼핑몰 아마존을 이용하는 고객이라면 누구나 가장 단순한 형태의 추천 시스템을 안다. "이 상품을 구매하신 고객들은 다음 상품도 구매하셨습니다." 어느새 이 문장은 아날로그 세계에서도 쓰일 정도로 우리의 핏속으로 완전히 녹아들었다. 나는 "사과를 구매하신 고객들은 배도 구매하셨습니다"라는 식의 팻말을 내건 시장 좌판의 사진을 본 적이 있다. 언급되는 상품들은 대개 한눈에 봐도 서로 관련이 있다. 소설을 검색하면 같은 저자의 다른 책이 추천되고, 핸드폰을 검색하면 핸드폰 케이스가 추천되는 식이다. 때로는 불상사가 발생하기도 한다. 아마존 창업자 제프 베저스가 자사의 추천 시스템을 공개적으로 시연한 적이 있는데 그때 그 시스템은 베저스에게 에로 영화 〈무한 너머에서 온 노예 소녀들Slave Girls from Beyond Infinity〉(한국어 제목은 〈비키니 혹성〉―옮긴이)을 추천했다. 아마존 측은 과거에 베저스가 제인 폰다 주연의 〈바바렐라Barbarella〉 DVD를 주문한 적이 있기 때문에 그 에로 영화가 추천된 것이라고 설명했다.

고객이 〈바바렐라〉를 주문하는 이유는 다양하다. 이를테면 제인 폰다를 흠모하기 때문일 수도 있고 SF영화 소장 목록에 헐벗은 여배우들이 출몰하는 영화를 보태기 위해서일 수도 있다. 좋은 추천 시스템은 이 차이를 파악해야 한다.

그런 적절한 추천을 성취하기 위한 알고리즘은 기본적으로 두 가지다. 먼저 '협업 필터링collaborative filtering' 알고리즘은 취급하는 상품에 대해서 알 필요가 없다는 장점이 있다. 이 알고리즘은 상품을 임의의 내용물이 담긴 봉투로 간주하고 오직 수많은 사람들의 소비 행태만을 주목한다. 이에 반해 '내용 기반 필터링^{content-based filtering}' 알고리즘은 상품에 대해서 많은 지식을 보유하고 그것을 새로운 추천의 기반으로 삼는다. 오늘날 실제로 쓰이는 추천 알고리즘의 대다수는 이 두 알고리즘의 조합이다.

협업 필터링의 논리는 다음과 같다. 과거에 나는 이런저런 영화들을 보고 그것들에 별점을 한 개부터 다섯 개까지 부여했다. 또 다른 사용자도 그 영화들을 보고 나와 유사하게 별점을 매겼다. 그런데 그가 최신 영화를 보고 별점 다섯 개를 부여했다. 따라서 그 영화는 내 마음에 들 확률이 높다.

그러므로 이 알고리즘의 핵심 과제는 엄청나게 많은 사용자들(넷플릭스 회원은 6000만 명에 달한다) 가운데 취향이 나와 최대한 가까운 사람을 찾아내는 것이다. 이 가까움^{neighborhood}을 어떻게 계산할까?

아주 간단한 예를 출발점으로 삼자. 우리는 단 두 편의 영화, 〈타이타닉〉과 〈스타워즈〉만 고려할 것이다. 그리고 고객은 안네, 벤, 클라우디아, 데니스 이렇게 네 명이다. 안네는 취향이 매우 낭만적어서 SF영화에는 전혀 관심이 없다. 그녀는 〈타이타닉〉에 별점 4.5, 〈스타워즈〉에 1을 준다. 반면에 벤은 눈물 콧물 짜는 연애영화가 질색이고 우주와 영웅 서사를 좋아한다. 그는 〈타이타닉〉에 1점, 〈스타워즈〉에 3점을 준다. (벤은 점수에 인색하다. 최고 점수는 〈스타트렉〉 시리즈에만 준다.) 클라우디아는 까다롭지 않은 영화팬이다. 화려한 할리우드 영화라면 무엇이든지 좋아한다. 그녀는 〈타이타닉〉에 4점, 〈스타워즈〉에 4.5점을 준다. 마지막으로 데니스는 대중의 취향을 따르기보다는 오히려 독립영화를 선호한다. 그는 두 편의 블록버스터 각각에 겨우 1.5점을 준다.

우리는 클라우디아의 취향이 다른 세 명의 취향과 얼마나 가까운지 계산하고자 한다. 클라우디아에게 어떤 영화를 추천해야 할까? 안네가 좋아하는 영화? 벤이 좋아하는 영화? 혹은 데니스가 좋아하는 영화?

'가까움'을 계산하려면 거리를 알아야만 한다. 즉, 우리가 다루는 공간에 거리 척도가 있어야 한다. 지금 우리가 다루는 공간은 유한한 2차원 공간이며, 두 차원은 〈타이타닉〉에 부여된 별점과 〈스타워즈〉에 부여한 별점이다. 영화가 하나 추가되면 공간의 차원이 하나 늘어난다. 별점이 부여된 영화가 7만 5000개라면, 우리는 7만 5000차원 공간을 다루게 된다. 가히 〈스타워즈〉의 상상력으로도 범접할 수 없는 공간이라고 하겠다.

좌표축 두 개를 가진 좌표계를 그리자. 한 축은 〈타이타닉〉의 별점, 다른 축은 〈스타워즈〉의 별점을 나타낸다. 우리는 고객 네 명의 별점

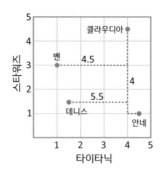

평가를 이 좌표계 안의 점 네 개로 표시할 수 있다. 이 공간에서 '거리'란 무엇일까? 우리는 그 거리를 다양한 방식으로 정의할 수 있다. 우선 '택시운전사 거리'를 생각해보자. 이 거리는 오직 수평방향과 수직방향으로만 달릴 수 있는(맨해튼의 도로망을 연상하라) 택시운전사가 한 지점에서 다른 지점으로 가는 최단 경로의 길이다. 이 거리는 가장 간단하게 계산할 수 있다. 두 영화 각각에 부여된 별점의 차이를 합산하기만 하면 되니까 말이다. 클라우디아와 안네 사이의 택시운전사 거리를 계산해보자. 이들이 〈타이타닉〉에 부여한 점수의 차이는 0.5, 〈스타워즈〉에 부여한 점수의 차이는 3.5, 따라서 이들 사이의 택시운전사 거리는 4다. 이 거리는 벤과 클라우디아 사이 거리(4.5)나 데니스와 클라우디아 사이 거리(5.5)보다 짧다. 따라서 안네의 취향은 클라우디아의 취향과 가장 가깝다.

하지만 우리는 두 점을 잇는 항공경로의 길이, 곧 '직선거리'를 측정할 수도 있다. 직선거리는 피타고라스 정리에 기초하여 계산된다. 어쩌면 당신도 학교에서 배워 기억하겠지만, 두 점의 x좌표 차이의 제곱과 y좌표 차이의 제곱을 덧셈한 다음에 제곱근을 취하면 두 점 사이의 직선거리가 나온다. 실제로 계산해보면 클라우디아와 가장 가까운 사람은 벤이다. 둘 사이의 거리는 3.4인 반면 데니스는 클라우디아로부터 3.9만큼, 안네는 3.5만큼 떨어져 있다.

또 다른 세 번째 방법으로 거리를 정의할 수도 있다. 다들 알다시피 (클라우디아처럼) 최고 점수를 남발하는 사용자들이 있는가 하면 (데니스처럼) 점수를 짜게 주는 사용자들도 있다. 사용자들의 위치를 좌표계에 표시하고 원점과 그 위치를 연결한 직선의 방향만 살펴보자. 이때

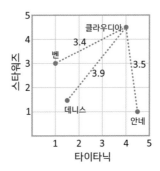

'방향'이란 글자 그대로 방향이다. 그러면 클라우디아의 평가는 데니스의 평가와 매우 유사하다. 이들 각각은 두 영화에 거의 같은 점수를 매겼으며 특별한 선호를 나타내지 않았다.

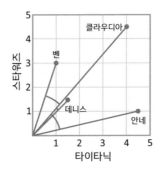

이런 '방향'을 거리로 정의하려면 A위치와 원점을 연결한 직선과 B위치와 원점을 연결한 직선 사이 각의 코사인을 계산하면 된다. 마이너스 점수까지 허용된다면 이 계산값은 −1부터 1까지로 나올 텐데 1은 "가까움"의 최댓값, −1은 "가까움"의 최솟값이다. 거리를 이렇게 정의하면 클라우디아와 취향이 가장 가까운 사람은 데니스다. 두 사람은 거의 같은 직선 위에 놓인다.

이제껏 살펴본 세 가지 거리 중에 어떤 것이 옳을까? 답은 그때그때 다르다는 것이다. 이 예에서는 네 명의 사용자 모두가 두 편의 영화 모두에 점수를 매겼다. 이럴 때는 조밀한^{dense} 데이터 집합이 산출된다. 즉, 임의의 두 사용자를 아주 잘 비교할 수 있다. 이 경우에는 직선거리와 택시운전사 거리를 사용자들 사이의 유사성을 판단하는 좋은 기준으로 삼을 수 있다. 다만 두 사람이 매긴 개별 점수 하나의 차이가 극단적으로 커질 때 택시운전사 거리보다 직선거리가 더 많이 증가한다는 점에서 세부적인 차이가 있다.

그러나 현실에서는 조밀한 데이터 집합을 얻는 것이 사실상 불가능하다. 공급자의 데이터 뱅크에는 수천 편의 영화와 수백만 곡의 노래가 있고 모든 사용자 각각은 그 데이터 뱅크의 일부만 알뿐더러 실제로 점수를 매기는 경우는 더 드물다. 따라서 이런 질문이 제기된다. 사용자가 점수를 매기지 않은 영화와 노래를 어떻게 거리 계산에 반영할 것인가? 그런 상품의 점수를 0으로 설정할 수도 있을 것이다. 그러나 이것은 그 상품에 최하 점수를 매기는 것이나 다름없다. 실제로 이 질문은 쉽사리 해결할 수 없는 문제다. 반면에 코사인을 거리로 삼으면 사용자가 점수를 매기지 않은 상품은 거리 계산에서 자동으로 배제된다. 바꿔 말해 두 사용자의 취향을 오직 두 사용자 모두가 점수를 매긴 상품에 한해서 비교하게 된다. '취향(趣向)'이라는 단어는 방향을 뜻하는 '향' 자를 포함하는데 이 비교 방법은 그 글자에 엄밀한 수학적 의미를 부여하는 셈이다.

하지만 두 사용자가 과거에 상품들을 매우 유사하게 평가했더라도 그들의 평가가 미래에도 일치하리라는 보장은 없다. 서로를 전혀 모르는 벤과 요나스가 있다고 해보자. 두 사람은 하드록을 좋아하며 그 장르에 관해서는 취향이 거의 같다. 그런데 벤의 여동생 예니가 민속음악 합창단 '유쾌한 촌놈들'에서 활동한다. 그래서 벤은 예니를 위하는 마음으로 '유쾌한 촌놈들'의 데뷔 앨범에 높은 점수를 준다. 그러면 벤과 요나스의 유사성에 기초하여 작동하는 추천 시스템은 요나스에게 민속음악 CD를 추천할 수밖에 없을 것이다. 요나스는 그 엉뚱한 추천에 고개를 절레절레 저을 테고 다음부터는 추천을 아예 거들떠보지도 않을 것이다.

이 예는 전혀 억지스럽지 않다. 특정 상품이 우리 마음에 드는 이유와 계기는 다양하다. 어떤 파티에서 들은 노래, 특별한 사람과 함께 본 영화 등. 이런 모든 맥락이 해당 작품의 내재적 특징과 더불어 당신의 평가에 영향을 미친다. 취향이 완전히 똑같은 사람은 없다. 이 때문에 개선된 추천 시스템은 애당초 나와 취향이 같은 한 사람을 찾아내려 애쓰지 않는다. 대신에 나와 비교적 취향이 가까운 사용자 집단을 찾아낸 다음에 그들 모두가 좋아하는 작품을 선별한다. 이렇게 하면 여동생 때문에 높게 평가한 민속음악 CD는 배제될 것이다.

알고리즘은 사용자들이 같은 영화를 좋아한다는 것을 근거로 그들이 서로 가깝다고 판단할 수 있을 뿐 아니라, 같은 집단이 특정 영화들을 좋게 평가한다는 것을 근거로 그 영화들이 서로 유사하다고 판단할 수도 있다. 따라서 컴퓨터는 영화의 내용을 전혀 모르더라도 영화를 대략적으로나마 장르 별로 분류할 수 있다. 분류 결과는 우리에게 익숙한 장르, 곧 코미디, 드라마, 스릴러 등과 부분적으로 일치한다.

그러나 일부 경우에는 컴퓨터가 한 장르로 분류한 영화들에서 인간은 어떤 유사성도 발견하지 못한다.

추천 알고리즘의 성능을 어떻게 측정할 수 있을까? 특정 사용자가 특정 영화에 몇 점을 줄지를 알고리즘으로 하여금 예측하게 하고 그 예측을 실제로 그 사용자가 준 점수와 비교하면 된다. 넷플릭스는 창사 이래로 정확히 이 방법으로 추천 알고리즘의 성능을 측정한다. 2006년에 넷플릭스의 연구개발팀은 자사의 추천 알고리즘인 시네매치 Cinematch를 완벽화하기 위해 외부의 도움을 받기로 했다. 그들은 성능이 그보다 월등히 우수한 알고리즘을 공모하면서 상금 100만 달러를 내걸었다.

더 정확히 설명하면 이러하다. 넷플릭스는 응모자들에게 사용자 48만 명이 영화 1만 7000편에 준 점수를 모은 데이터 뱅크를 제공했다. 개별 점수의 개수는 총 1억 개였다. 과제는 그 사용자들이 향후 부여할 점수 300만 개를 예측하는 것이었다. 그 예측과 실제 점수들 사이의 편차가 응모된 알고리즘의 성능을 판정하는 기준이었고 편차가 작을수록 알고리즘의 성능은 높게 평가되었다. 넷플릭스의 시네매치보다 10퍼센트 이상 우수한 성능을 발휘하는 최초의 알고리즘은 상금 100만 달러를 받을 수 있었다. 공모는 3년 동안 진행되었고 전 세계의 프로그래머 팀 수천 개가 응모했다. 처음 2년 동안은 아무도 목표에 도달하지 못했다. 그러나 셋째 해인 2009년 9월 21일, 실제로 100만 달러가 수여되었다. 일곱 명으로 구성된 다국적 팀이 개발한 '벨코어의 실용적 카오스 BellKor's Pragmatic Chaos'라는 알고리즘이 10퍼센트의 장벽을 넘은 것이다.

원래 넷플릭스는 그 이듬해에 사용자들의 행태에 관한 정보를 더 많이 제공하면서 재공모를 실시할 계획이었지만 그 계획은 철회되었다. 넷플릭스 사용자 한 명이 데이터 보호가 소홀하다며 그 회사를 고소했기 때문이다. 넷플릭스의 데이터는 물론 익명화되어 있었지만 그 데이터를 인기 영화 데이터 뱅크 IMDb의 점수 데이터와 비교하기만 해도 영화를 많이 보는 개인들을 식별하는 것이 가능해 보였던 것이다.

그러나 넷플릭스는 한 번의 공모로도 이미 충분한 지식을 얻었을 것이다. 처음 2년 동안 확보한 몇몇 기술은 이미 시네매치 알고리즘에 도입된 상태였고 남은 개선점들은 사소했다. 더 많은 비용을 들인다 하더라도 이익은 그리 크지 않을 터였다. 어쩌면 협업 필터링 방법이 대체로 완전히 성숙한 상태였을 것이다. 어쩌면 영화를 속성 없는 상품으로 간주하는 방식을 버리고 영화의 실제 내용도 추천 기준들에 반영해야만 추가 진보가 가능한 상황이었을 것이다. '내용 기반 필터링' 알고리즘은 바로 그런 내용 반영을 시도한다.

2013년 잡지 〈애틀랜틱〉지에서 일하는 미국 언론인 알렉시스 마드리갈은 넷플릭스가 사용자들에게 '톱 10' 추천작뿐 아니라 특정 장르의 영화들도 자주 권한다는 점을 주목했다. 또한 그 장르들은 때때로 매우 특수했다. "책을 원작으로 삼았으며 평론가들로부터 높은 평가를 받은 액션영화", "강한 여주인공이 나오는 로맨스영화", "유럽을 무대로 한 1960년대 영국 SF영화", "1970년대 모자(母子) 영화" 같은 장르가 그러했다. 마드리갈은 넷플릭스 추천 장르들을 수집하기 시작했고 얼마 지나지 않아 넷플릭스가 그 장르들에 일련번호를 매겨놓은 것이 분명하다는 제보를 받았다. 브라우저 주소창에 netflix.com/browse/

genre/n (마지막 n은 자릿수가 최대 5인 정수)을 입력하면 특정 넷플릭스 장르에 속한 모든 영화의 목록을 볼 수 있다(넷플릭스 회원이어야만 볼 수 있음). 예컨대 n = 1이면 아프리카계 미국인 범죄 다큐멘터리들, n = 2이면 1980년대의 소름끼치는 컬트영화들, n = 10000이면 1960년대 일본 공포영화들, n = 92000이면 감성적인 캐나다 텔레비전 드라마들이 뜬다.

마드리갈은 이런 장르 (넷플릭스사가 붙인 명칭은 '알트–장르Alt-Genre') 7만 6897개를 발견했다. 엄청난 개수라고 느끼는 독자도 있겠지만 이는 넷플릭스 영화에 상세하게 붙인 수많은 꼬리표 중 일부에 지나지 않는다. 당연히 넷플릭스의 데이터 뱅크에는 감독, 개봉 연도, 국가, 주연, 흥행 성적 등 모든 영화 각각에 관한 통상적인 정보가 저장되어 있다. 하지만 넷플릭스는 이 정도로 만족하지 않는다. 2006년에 넷플릭스 부회장 토드 옐린이 이끄는 팀은 영화에 관한 '넷플릭스 양자 이론Netflix Quantum Theory'을 개발했다. 인간 시험 관람자들은 모든 영화 각각을 수많은 범주에 따라 분석했다. 영화가 얼마나 로맨틱한가? 영화가 어떻게 끝나는가? 주연이 사회적으로 수용할 만한 인물인가, 아니면 아웃사이더인가? 영화의 무대는 어디인가? 각 영화를 분석하는 꼬리표 담당자tagger는 36쪽 분량의 매뉴얼을 활용한다. 영화 하나하나가 해부된다. 즉, 가장 작은 요소들로 분해된다. 이 데이터는 내용 기반 필터링 알고리즘의 토대를 이룬다.

이 추천 방법의 핵심은 사용자의 개인적 취향과 미디어의 내용을 일치시키는 것이다. 따라서 누군가가 매긴 점수만 중시해서는 안 된다. 더구나 많은 사용자들은 영화를 본 다음에 굳이 애써서 별점을 매길 필요를 느끼지 않는다. 넷플릭스의 주요 사업이 DVD 대여에서 온라인 스트리밍 서비스로 바뀐 이래로, 그 회사는 훨씬 더 많은 데이터를 확보할 수 있게 되었다. 이 사용자는 어떤 영화를 찾는가? 그가 보기 시작했다가 금세 그만둔 영화는 무엇인가? 그는 시리즈물을 한꺼번에 보는가? 이 같은 개인적 취향에 관한 정보가 꾸준히 축적되고 기계학습 알고리즘은 그 개인 정보에 최대한 어울리는 영화를 추천하려 애쓴다. 검색 엔진에서 검색 결과를 띄울 때와 마찬가지로(2장 참조) 영화 추천에서도 순서가 중요하다. 당연한 말이지만 가장 잘 어울리는 영화는 추천영화 목록에서 20번째가 아니라 맨 위에 첫 번째로 나와야 한다.

이 추천 시스템에서 나오는 멋진 부수 효과도 있다. 아마도 넷플릭스는 영화가 어떻게 관객을 사로잡는지, "양자들"을 어떻게 조합해야 흥행작을 만들 수 있는지를 세계에서 가장 잘 아는 회사일 것이다. 그렇기 때문에 넷플릭스의 섭외 담당 직원은 파일럿 프로그램 없이도 케빈 스페이시에게 출연 제안을 할 수 있었다. 회사의 알고리즘이 〈하우스 오브 카드〉 시리즈의 성공을 보장했으니 말이다. 그런데 이 경우에 "성공"이란 무슨 뜻일까? 넷플릭스는 개별 관람 건당으로 요금을 받지 않으며 개별 관람에 관한 데이터를 전혀 공개하지 않는다. 관람 횟수가 많더라도 넷플릭스 사에 이득이 될 것은 없지 않을까? 그 회사가 바라는 바는 자체 제작 영화와 시리즈로 회원들의 이탈을 방지하는 것이다. 어느 독립적인 업계 정보 회사에 따르면, 넷플릭스 회원 가운데 11퍼센트가 〈하우스 오브 카드〉 시즌1에서 적어도 한 에피소드를 보았다. 슈퍼영웅 시리즈 〈데어데빌Daredevil〉도 비슷한 성과를 거뒀다. 여자 교도소를 배경으로 삼은 시리즈 〈오렌지 이즈 더 뉴 블랙〉은 넷플릭스 회원 가운데 무려 44퍼센트가 시청했다고 한다. 물론 이 모든 수치를 곧이곧대로 받아들이기는 어렵다. 왜냐하면 넷플릭스는 시청률을 공개하지 않기 때문이다.

오늘날 거의 모든 추천 시스템은 협업 필터링과 내용 기반 필터링을 조합한 것이다. 추천 알고리즘에 대한 연구는 앞으로도 활발하게 이루어질 것이다. 아직 해결되지 않은 가장 큰 문제들 중 하나는 이것이다. 어떻게 하면 '뜻밖의 발견serendipity'이라는 멋진 단어로 표현되는 바를 추천 알고리즘에 집어넣을 수 있을까? 현재의 추천 시스템들은 사용자에게 과거에 그의 마음에 들었던 것을 주로 추천한다. 즉, 기존 취향의 울타리 안에 머문다. 그러나 때때로 우리는 그 울타리 너머를 내다보기를 원한다. 이제까지의 시청 습관과 결별하고 새로운 것을 발견하고 싶어 하는 것이다. 나에게 익숙하고 편한 구역 바깥에 있지만 아예 엉뚱하지는 않은 작품을 컴퓨터가 적절하게 추천할 수 있을까? 나와 친한 친구들은 그런 추천을 할 수 있다. 그러나 현재까지의 컴퓨터에게 그 일은 아주 어려운 과제다.

5장

연결:
페이스북이 우리에게
보여주는 것과 보여주지 않는 것

당신은 휴가여행을 떠나 어느 먼 외국의 카페에 앉아 옆 테이블에 앉은 사람과 대화하기 시작한다. 알고 보니 그 사람은 당신과 같은 나라 사람이다. 그는 자신이 다니는 회사를 이야기하고, 당신은 그 회사에서 직원으로 일하는 지인이 있음을 상기한다. 그리고 얼마 지나지 않아 당신이 오늘 처음 만난 사람과 그 지인이 절친한 사이라는 것이 밝혀진다. 당신과 그 사람은 함께 놀라며 무릎을 친다. "세상 참 좁네요!"

작은 세상small world 이라는 개념은 사회학 연구의 대상이기도 하다. 핵심은 사람들 사이의 친분관계 연결망, 즉 '사회적 그래프social graph' 다. 도로망에서 두 도시를 연결하는 최단 경로를 찾는 일(3장 참조)이 중요한 과제인 것과 마찬가지로 친분관계를 따라 한 사람에서 다른 사람까지 곧장 이동하는 경로를 찾는 작업도 중요하다. 이 작업을 통해 다음과 같은 질문의 답을 얻을 수 있다. 그런 경로의 최대 길이는 얼마일까? 나는 지구상의 임의의 타인으로부터 최대 얼마나 멀리 떨어져 있을까? 정답은 이것이다. 내 친구들 중 한 명의 친구의 친구는 임의의 타인의 친구의 친구와 서로 친구일 가능성이 매우 높다.

나는 청소년 시절부터 일찌감치 사회적 그래프에 매료되었다. 어쩌면 사회 선생님이 우리 학급에 내준 과제 하나가 계기였을 것이다. 선생님은 모든 학생에게 쪽지를 나눠주고 각자 자기 친구들의 이름을 빠짐없이 적게 했다. 그리고 쪽지를 걷어서 모든 이름을 숫자로 바꿨다. 그런 다음에 나와 또 한 명의 학생에게 그 숫자 표를 주면서 내일까지 그것을 그래프로 표현해서 제출하라고 했다. 선생님은 그 그래프를 사회적 관계를 다루는 수업의 자료로 삼을 요량이었다. 그러나 그 그래프는 선생님의 의도와 다른 방식으로 사회적 관계에 대한 이해에 기여했다. 우리는 숫자로 대체된 이름들을 알아내기 시작했다. 우리는 우리 자신이 적은 이름들을 알았고, 어떤 숫자들이 중복되는지 알았다. 그 다음에 간단한 논리적 추론을 통해서 그래프상의 모든 꼭짓점이 누구를 의미하는지 명확하게 파악할 수 있었다. 이튿날 교실 벽에는 그래프가 걸렸다. 숫자 대신에 실명이 적힌 그래프였다. 학우들이 누구를 특별히 좋아하는지, 또 누가 외톨이인지 만천하에 공개되었다.

말할 필요도 없겠지만 그것은 사회적으로 잔인한 짓이었고 나중에 나는 쓰라리게 후회했다. 어쩌면 요새 사람들은 나의 후회를 전혀 이해하지 못할지도 모른다. 오늘날 우리는 사회연결망서비스, 즉 SNS를 이용하면서 우리의 친분관계를 공개하니까 말이다. 페이스북 프로필에서 자신이 누구와 연결되어 있는지를 숨기는 사람은 거의 없다. 그러나 우리 학급에서 그런 연결망의 공개는 사회적 폭탄테러에 가까웠다.

그후 1990년대 초에 나는 극작가 존 궤어의 연극 〈분리의 여섯 등급 Six Degrees of Separation〉(윌 스미스 주연의 영화로도 제작됨)을 본 것을 계기로 한 문제에 관심을 두게 되었다. 그것은 1929년 이래로 똑똑한 사람들을 사로잡아온 문제였다. 그해에 헝가리 작가 프리제시 카린시는 단편소설 하나를 썼는데 그 작품에 이런 대사가 나온다. "우리 중 하나가 이런 실험을 제안했어. 오늘날 지구인들이 과거 어느 때보다 서로 가깝게 지낸다는 것을 증명하는 게 목적이었지. 우선 15억 세계인구 중에 한 명을 선택해야 해. 어디에 살든지, 어떤 사람이든지 상관없어. 실험을 제안한 친구는 이렇게 장담하더군. '내가 친분관계의 연결망을 따라서 딱 다섯 명만 거치면 방금 선택한 그 사람에 도달할 수 있어!'"

중간에 다섯 명을 거친다는 것은 수학적으로 볼 때 연결망에서 출발점과 도착점 사이 거리가 여섯 걸음이라는 뜻이다. 그후 1960년대에 미국 케임브리지에 있는 하버드 대학교의 사회과학자 스탠리 밀그램은 이 문제를 경험적으로 탐구했다. 그는 보스턴에 사는 어느 증권 중개인과 케임브리지에 사는 한 신학대학생의 아내를 목표인물로 정하고 네브래스카주 오마하 시민과 캔자스주 위치토 시민 가운데 296명을 임의로 선택했다. 두 도시는 미국 내에서 케임브리지로부터 가장 멀리 떨어진 지역이다. 선택된 296명 각각은 자신의 친분관계의 연결망을 통해 인편으로 편지를 보내 두 목표인물 중 하나에게 도달하도록 만들라는 요청을 받았다. 그들은 그 증권거래인이나 여성을 몰랐으므로 자기 지인들 중에서 그 목표인물들 중 하나를 알 법한 사람을 첫째 정거

장으로 선택하여 그에게 편지를 보내야 했다. 이어서 그 지인도 똑같은 일을 해야 했다. 결국에는 그 편지가 목표인물에게 도달하기를 바라면서 말이다.

실험 결과 실제로 목표인물에게 도달한 편지는 64통이었고 나머지는 전달 과정에서 실종되었다. 편지들이 거친 정거장의 개수는 2부터 10까지 다양했으며 평균은 5.2였다. "분리의 여섯 등급"은 허튼소리가 아니었다!

당연한 말이지만 이 실험은 엄밀한 의미에서 증명이 아니었다. 실험 참가자들은 목표인물에 관한 대략적인 정보를 가지고 있었으므로 이를테면 그와 직업이 같거나 거주지가 같은 지인을 물색하는 방식으로 그에게 접근하려 노력할 수 있었다. 그러나 현실에서는 그런 지인을 거치는 것보다 더 짧은 경로가 있는지 여부를 아무도 알 수 없다.

반면에 관계망이 완전히 알려져 있는 이상적인 상황이라면 3장에서 다룬 수학적 알고리즘을 가동하여 사회적 그래프 내부의 실제 최단 경로를 비교적 신속하게 찾아낼 수 있다. 1994년에 미국 펜실베이니아주 올브라이트 칼리지의 대학생 세 명은 영화 〈자유의 댄스^{Footloose}〉를 보고 나서 주연을 맡은 케빈 베이컨에 대해서 정보를 수집하다가 심각한 의문을 품게 되었다. 그는 어느 인터뷰에서 자신이 할리우드에서 활동하는 배우들을 사실상 모두 안다고 자랑한 적이 있었다. 그 대학생들은 이런 질문을 제기했다. 두 사람이 같은 영화에 출연한 경력이 있을 경우 두 사람을 연결하는 방식으로 모든 배우들의 연결망을 구성한다면 그 연결망 속 임의의 꼭짓점에서 케빈 베이컨에 이르는 최단 경로는 얼마나 많은 걸음으로 이루어질까? 그리하여 '베이컨 수^{Bacon}

number'가 정의되었다. 꼭짓점 역할을 하는 배우 각자에게 베이컨 수가 부여되는데 케빈 베이컨 자신의 베이컨 수는 0, 그와 함께 영화에 출연한 경력이 있는 모든 배우의 베이컨 수는 1, 이 배우들과 함께 출연한 경력이 있는 모든 배우의 베이컨 수는 2 등이다.

그후 1996년에 버지니아 대학교 학생 하나가 대규모 영화 데이터 뱅크를 기초로 삼아서 베이컨 수를 계산하는 프로그램을 개발했다. 지금은 '인터넷 영화 데이터베이스 Internet Movie Database, IMDb'가 그 기초의 구실을 하는데, 영화 출연뿐 아니라 텔레비전 출연까지 포함해서 계산하면 베이컨 수가 대폭 감소한다. 나는 아직 영화에 출연한 적은 없지만 텔레비전에 출연한 적은 몇 번 있다. 그 덕분에 나의 베이컨 수는 3이다. 나와 그를 잇는 최단 경로들은 다양한데 나에게 가장 흡족한 경로는 유디 빈터(독일 여배우―옮긴이)와 크리스토프 발츠(오스트리아 배우―옮긴이)를 거쳐 케빈 베이컨에게 이르는 경로다.

그로부터 2년 뒤에 나는 sixdegrees.com이라는 웹사이트를 우연히 발견했다. 그곳은 SNS라고 불릴 자격을 갖춘 최초의 웹사이트였다. 벌써 명칭에서 확연히 드러나듯이('sixdegrees'는 여섯 등급을 뜻함―옮긴이) 그 웹사이트의 취지는 사람들 사이의 관계를 온라인에서 연결망의 형태로 재현하는 것이었다. 그곳에 가입한 사용자는 프로필 페이지에 자신의 취미와 취향을 입력하고 친구들에게 함께 가입하자고 권할 수 있었다. 나는 당장 가입했다.

1년 뒤, 나의 연결망에 속한 인원은 딱 두 명이었다. 얼핏 참신하고 매혹적인 아이디어로 보였을 수도 있겠지만 일단 그 웹사이트에 가입하고 나면 할 일이 별로 없다는 점이 문제였다. 정말로 나는 내 친구들의 친구들을 모두 알고 싶을까? 그렇게 하고 싶은 사람은 거의 없는 모양이었다. sixdegrees.com의 회원은 몇 백만 명에 달했지만 다들 그 웹사이트를 어디에 써먹어야 할지 막막했다. 그리하여 sixdegrees.com은 2000년에 폐쇄되었다.

그후 몇 년 동안 수많은 SNS들이 나타나고 사라졌다. 인터넷 전문가 클레이 셔키는 YASNS라는 약자까지 고안했다. 그 약자는 '또 SNS 로군!Yet Another Social Networking Service'을 뜻한다. 특수한 사용자 집단을 겨냥하거나 특정한 목적을 추구한 SNS들은 성공했다. 한 예로 비즈니스 연결망 링크드인LinkedIn을 들 수 있다. 이 웹사이트는 사용자들의 비즈니스 관련 인맥 형성을 돕는다. 마이스페이스MySpace도 성공사례로 꼽힌다. 이 SNS의 주요 사용자들은 거의 중첩되지 않는 두 집단으로 이루어졌다. 한 집단은 음악 밴드들, 또 한 집단은 10대 청소년들이다. 사용자들은 마이스페이스 안에 자신의 홈페이지를 만든다. 그렇게 수많은 SNS들이 명멸하는 가운데 특별히 주목할 만한 일 없이 세월이 흐르다가 2004년 2월에 하버드 대학교에서 마크 저커버그가 그 엘리트 대학교의 학생들을 위한 SNS인 페이스북Facebook을 창업했다.

나머지 역사는 널리 알려져 있다. 페이스북은 우선 모든 대학생에게 문호를 개방했고 이어서 모든 사람에게 회원 가입을 허용했다. 현재 매달 페이스북을 이용하는 회원은 14억 명에 달한다. 이는 15세 이상 세계인구의 25퍼센트를 넘는 숫자다. 페이스북은 여타 SNS들과 달리 어떤 장점을 가졌기에 이런 성공을 거둔 것일까? 많은 영리한 사람들이 이 문제를 숙고했다. 성공의 한 원인은 경제적인 것이다. 저커버그는 일찌감치 재력을 갖춘 투자자들을 끌어들였고 덕분에 공격적으로 사업을 확장했다. 한편, 기술적인 원인도 있다. 페이스북은 일찍부터 자사 데이터 뱅크로 통하는 인터페이스를 개방하여 제3의 개발자들이 그것을 이용한 '앱'을 개발할 수 있게 했다. 이를테면 페이스북에서 할 수 있는 게임을 개발할 수 있게 한 것이다.

하지만 성공의 주요 원인은 두말할 것 없이 페이스북의 뉴스 피드 news feed 시스템이다. 이 시스템은 회원이 속한 연결망에서 생산되는 소식들을 끊임없이 전해준다. 페이스북 친구들은 이 시스템을 이용하여 자신의 일상을 이야기하고 사진과 동영상을 올린다. 또 중요한 뉴스를 '공유'하고 언론 사이트를 링크하기도 한다. 페이스북은 2006년에 뉴스 피드를 신설하면서 "마크가 브리트니 스피어스를 좋아하는 사람 목록에 올리거나 당신이 흠모하는 사람이 다시 싱글이 되면 그 소식을 당신이 알 수 있도록 24시간 내내 제공되는 개인화된 뉴스"라고 소개했다.

사용자들이 이 새로운 기능을 처음부터 만장일치로 환영한 것은 아니다. 많은 사람들은 자신의 활동, 이를테면 자신이 프로필 사진을 교체한 것이 갑자기 "뉴스"로서 친구들에게 전달되는 것을 전혀 반기지 않았다. 심지어 뉴스 피드 시스템에 반대하는 단체들이 결성되기까지 했다. 그 단체들의 회원 수는 순식간에 수천 명으로 불어났다.

미래에는 뉴스 피드가 페이스북의 본질적인 요소가 되리라는 것을 알아챈 사람은 아무도 없었다. 하지만 이미 오래 전부터 뉴스 피드는 단순한 잡담거리 공급처에 불과하지 않다. 미국 시민의 30퍼센트가 페이스북을 가장 중요한 뉴스 출처로 여긴다. 나 역시 체계적으로 뉴스 사이트들을 훑거나 규칙적으로 저녁 8시에 텔레비전 뉴스 〈타게스샤우^{Tagesschau}〉를 보는 방식으로 새로운 소식을 접하는 경우는 많지 않다. 내가 중요하다고 느끼는 뉴스가 발생하면 거의 항상 나의 페이스북 친구 중 하나가 그 뉴스를 곧바로 뉴스 피드에 올린다. 사람들이 하루에도 여러 번 페이스북을 들여다보는 것은 뉴스 피드 때문이다. 비록 새로운 소식이 없을 때가 많더라도 말이다. 이미 오래 전부터 페이스북은 큰 인터넷 안의 작은 인터넷이 되었으며 '다른 웹사이트는 전혀 필요하지 않다. 페이스북에서 모든 중요한 것을 경험할 수 있다'는 점을 회원들에게 각인시키기 위해 온갖 노력을 하고 있다.

뉴스 피드는 어떻게 작동할까? 당연히 알고리즘에 의해 작동한다. 많은 사용자들은 이 사실을 놀랍게 여긴다. 그들은 자신들이 올리는 뉴스들이 어떤 가공도 거치지 않고 그대로 뉴스 피드에 실린다고 믿는다. 그러나 뉴스 피드가 그런 식으로 작동한다면 대부분의 사용자는 너무 많은 뉴스에 질려버릴 것이다. 뉴스 피드의 역사 초기에는 그런 식의 작동이 가능했다. 그때는 살짝 덜 잠근 수도꼭지에서 물방울이 떨어지는 정도로 뉴스가 올라왔으니까 말이다. 그러나 지금은 뉴스가 마치 봇물처럼 뉴스 피드로 쏟아져 들어온다. 매일 몇 시간씩 페이스북을 들여다본다 하더라도 그 많은 뉴스를 다 챙기는 것은 불가능하다. 스크롤을 내리고 또 내려도 뉴스의 흐름은 결코 끊이지 않는다. 왜냐하면 개인의 페이스북 친구 숫자가 꾸준히 증가할뿐더러 회원 각자가 올리는 뉴스의 개수도 점점 더 많아지기 때문이다. 마크 저커버그는 이 추세를 표현하는 공식을 제시한 바 있다. 마이크로프로세서의 성능에 관한 무어의 법칙에 빗대어 저커버그의 법칙으로 불리는 그 공식에 따르면 모든 사용자 각각은 현재 1년 전보다 2배 많은 내용을

SNS에 올리며 내년에는 그 양이 다시 두 배로 증가할 것이다. 물론 10년 뒤에 우리가 지금보다 1000배 많은 개인정보를 인터넷에 올리게 되리라는 것은 상상하기 어렵지만, 아무튼 SNS에 올라오는 정보의 양이 상승 곡선을 그리고 있다는 것만큼은 분명한 사실이다.

2013년에 페이스북 기술자 라르스 백스트롬은 "당신이 뉴스 피드 창을 열 때마다 당신의 친구와 당신이 팔로잉하는 사람과 방문할 만한 사이트에 관한 뉴스가 평균 1500개씩 뜰 수 있다"라면서 이렇게 덧붙였다. "대다수 사람들은 그 모든 소식을 살펴볼 시간이 없다. 친구와 팔로잉하는 사람이 많은 회원의 경우에는 뉴스 피드 창에 뜨는 소식이 1만 5000개에 달할 수도 있다."

1만 5000개의 뉴스 중에서 나는 아마도 처음 50개만 볼 것이다. 300개 중에 하나만 보는 셈이다. 이런 사정은 구글 검색에서 뜨는 결과의 개수를 강하게 연상시킨다. 구글과 마찬가지로 페이스북도 모든 가능한 뉴스들을 적절한 순서로 나열해야 한다. 이 때문에 뉴스 피드 알고리즘은 2년 전까지만 해도 구글의 '페이지랭크'(2장 참조)를 닮은 에지랭크EdgeRank라는 별칭으로 불렸다. 요컨대 페이스북은 나에게 무엇을 보여주고 무엇을 보여주지 않을지 결정한다. 곧 보겠지만 그 결정은 정치와 언론에 광범위한 영향을 미친다.

아무튼 에지랭크의 배후에 있는 수학은 구글 검색 알고리즘의 배후에 있는 수학만큼 복잡하지는 않다. 가장 단순한 형태의 페이스북 알고리즘은 다음 공식을 따른다.

$$R = \sum_e u_e \cdot w_e \cdot d_e$$

이 공식을 이해하려면 먼저 "에지"가 무엇인지 알아야 한다. 에지 개념이 주목하는 것은 사회연결망 안에서 사람들 사이의 연결이 아니라 사람과 대상 사이의 연결이다. 예를 들어 한 친구가 직접 촬영한 고양이 동영상을 페이스북에 올린다고 해보자. 그러면 임의의 사용자와 이 동영상 사이의 상호작용 각각이 하나의 에지다. 우선 최초의 동영상 업로드가 한 에지다. 누군가가 그 동영상에 '좋아요'를 누르면, 이것도 한 에지다. 누군가가 그 동영상에 댓글을 다는 것도 한 에지다. 더 나아가 누가 그 동영상을 다른 사람들에게 전달하고 이어서 연쇄 작용이 일어나면 하나의 대상, 즉 고양이 동영상에 속한 에지는 쉽게 수십 개나 수백 개로 늘어난다.

에지랭크를 계산하려면 먼저 모든 각각의 에지 e에 대해서 u_e, w_e, d_e를 알아야 한다. 이 세 항의 의미는 아래와 같다.

u_e: 해당 에지를 생산한 사용자와 나 사이의 친근성. 나는 그와 얼마나 자주 상호작용하는가? 나는 그에게 소식을 보내고 그가 올린 내용을 클릭하는가? 나와 그 사이에 상호작용이 많을수록 u_e 값은 높아진다. 친근성은 방향 의존적이다. 나에게서 친구에게로 향하는 친근성은 높은 반면 친구에게서 나에게로 향하는 친근성은 낮을 수 있다.

w_e: 에지의 "가중치". '좋아요'는 '공유하기'보다 가중치가 낮다. 사진과 동영상은 순수한 텍스트보다 가중치가 높다. 하지만 이 가중치도 사용자 개인에 따라 다르리라고 짐작하는 것이 합리적이다. 내가 동영상을 자주 클릭하면 나를 위한 에지랭크 계산에서 동영상이 더 높은 가중치를 얻는다.

d_e : 이 항은 시간과 관련이 있다. 오래된 에지일수록 d_e가 작아진다. 한 친구가 어제 저녁에 올린 글은 오늘 아침에 올린 글보다 뒤로 밀린다. 우리는 항상 최신 정보를 원하기 때문에 오래된 정보는 홀대 당한다.

한 대상이 여러 개의 에지를 가질 수 있으므로, 그 에지들의 가중치를 모두 합한 값이 그 대상의 에지랭크가 된다. 에지랭크가 높은 항목일수록 나의 뉴스 피드에서 더 위쪽에 나타난다.

위 공식은 보기에 간단하다. 실제로 페이스북은 이삼 년 동안 그 공식으로 에지랭크를 계산했을 가능성이 있다. 정확한 사정은 그 회사외부에서는 아무도 모른다. 뉴스 피드 알고리즘은 비밀에 부쳐져 있다. 2013년 이래로 그 회사 내부에서는 '에지랭크'라는 명칭이 사용되지 않으며 뉴스 피드 알고리즘은 이미 오래 전에 훨씬 더 복잡해졌다. 앞서 언급했던 페이스북 기술자 라르스 백스트롬은 공개석상에서 뉴스 피드 항목들을 정렬할 때 고려하는 요소가 10만 개라고 발언한 바 있다.

또한 뉴스 피드 알고리즘은 항상 새롭게 조정된다. 기술자들은 매주 모여서 개선 방안을 논의한다. 미국 테네시주 녹스빌에서 근무하는 시험 전담 직원 30명은 끊임없이 뉴스 피드를 읽고 항목들을 평가하고 자신의 마음에 가장 잘 들게 정렬하는 일을 한다. 이들의 경험도 뉴스 피드 알고리즘에 반영된다.

알고리즘의 변화는 대개 떠들썩하게 공지되지 않는다. 예컨대 2014년에 많은 회사와 기관들이 갑자기 자신들의 페이스북 뉴스가 "팬들"에게 도달하지 않게 된 것을 알고 놀랐다. 그 변화의 원인은 페이스북이 알고리즘을 바꿔 기관의 뉴스보다 개인의 뉴스를 더 중시하도록 만든 것에 있었다.

하지만 페이스북이 알고리즘의 변화를 공개하는 경우도 있다. 2013년에 두 가지 혁신이 발표되었다. 그 혁신들은 각각 라스트 액터Last Actor와 스토리 범핑Story Bumping이라고 이름 붙여졌다. '라스트 액터'는 사용자의 최근 상호작용 50회를 특히 중시하도록 하는 요소다. 따라서 이 항이 알고리즘에 추가되면 뉴스 피드는 나의 과거 취향보다 현재 관심을 더 강하게 반영한다. '스토리 범핑'이 추가되면 오래되었지만 특히 중요한 소식들이 나의 뉴스 피드 창에 나타난다. 그 소식들이 이미 지난번에 나의 뉴스 피드 창에 나타났더라도 다시 나타난다. '스토리 범핑'은 비교적 드물게, 그리고 짧은 시간 동안 뉴스 피드를 살펴보는 사용자가 중요한 소식을 놓치지 않게 해준다.

얼마 전부터 사용자들은 뉴스의 흐름에 무방비로 노출되지 않을 수 있게 되었다. 모든 각각의 항목 옆에 버튼이 설치된 것이다. 사용자는 그 버튼을 이용하여 해당 항목을 올린 발송자의 뉴스들을 완전히 없애거나 최소한 더 드물게 나타나도록 만들 수 있다. 또한 사용자는 자신의 페이스북 친구들을 "진짜 친구"와 "아는 사람"으로 분류할 수 있다. 그러면 "아는 사람"이 올린 뉴스들은 나의 뉴스 피드에 더 적게 나타난다. 일반적으로 다음과 같은 원리가 성립한다. 페이스북에서 활발하게 활동할수록, 클릭을 하고 댓글을 달고 공유하는 활동을 많이 하는 사용자일수록 뉴스 피드 알고리즘을 자신의 취향에 맞게 더 많이 훈련시키게 된다. 그러니 2015년에 〈뉴욕 타임스〉지에 기고한 어느 블로거의 말마따나 "간단히 말해서, 당신이 알고리즘을 다시 프로그래밍 하라."

하지만 이 말이 풍기는 인상은 페이스북이 항상 거듭해서 사용자들에게 전달하려는 것이기도 하다. 페이스북은 자신들의 알고리즘이 단지 당신이 보고 싶어 하는 것을 당신에게 보여주기 위해 애쓸 뿐이라고 강조한다. 또한 페이스북은 그들이 가장 크게 공을 들이면서 추구하는 바가 바로 이 작업을 점점 더 완벽하게 실행하는 것이라고 한다. 이 주장이 옳다면 페이스북은 뉴스를 선별하는 주체가 아니며 모든 책임은 개별 사용자에게 돌아간다. 과연 이 주장이 옳을까? 다음과 같은 논쟁적인 질문은 문제를 더 뚜렷하게 부각시킨다. 소셜미디어 social media 때문에 우리는 점점 디 '필터 버블 filter bubble' 안에 갇히는 것이 아닐까?

'필터 버블'이라는 용어를 고안한 사람은 작가 엘리 파리저다. 그는 바이러스성 (바이럴) 뉴스를 SNS에 퍼뜨리는 온라인 회사 업워디 Upworthy에서 일한다. 신문이나 텔레비전 방송사 같은 전통적 미디어들은 우리에게 어느 정도 다양한 프로그램을 제공한다. 반면에 페이스북이나 구글의 알고리즘은 사용하면 사용할수록 점점 더 과거에 우리 마음에 들었던 것만 제공한다. 따라서 조금 단순화하면, 가령 정치 뉴스와 관련해서 이런 상황이 발생한다. 즉, 좌파 사용자는 좌파 미디어에서 퍼온 기사만 읽고 우파 사용자는 우파 미디어에서 퍼온 기사만 읽는다. 모든 사용자 각각이 하나의 거품방울(버블) 안에서 살고 그 거품방울은 그의 세계관을 날마다 입증한다. 그리고 이 상황은 민주주의에 해롭다. 왜냐하면 민주주의의 생명은 상반된 견해를 가진 사람들 사이의 대화이기 때문이다. 파리저의 책 『필터 버블: 인터넷이 당신에게 감추는 것』(한국어판 제목은 『생각 조종자들』—옮긴이)은 '필터 버블'이라는 용어에 담긴 그의 생각을 널리 알렸다.

오늘날 온라인 미디어들은 페이스북 없이 생존할 수 없게 되었다. 관련 업계에서는 "그 홈페이지는 죽었다"라는 표현이 흔히 쓰인다. 그 의미는 최신 뉴스를 접하기 위해 tagesschau.de나 zeit.de(각각 독일 신문 〈타게스샤우〉지와 〈차이트〉지의 웹사이트—옮긴이)를 방문하는 사람의 수가 대폭 감소했다는 것이다. 대신에 많은 사람들은 페이스북에 접속하여 뉴스 피드에 뉴스가 올라오기를 기다린다. 뉴스 사이트 방문자의 약 20퍼센트는 페이스북에 공유된 링크를 통해서 그 사이트로 온다.

포인터 연구소The Poynter Institute의 미디어 연구자 켈리 맥브라이드는 2014년 사우스 바이 사우스웨스트South by Southwest 학회에서 이렇게 말했다. "'어떤 뉴스가 중요하다면 내가 굳이 찾아가지 않아도 그 뉴스가 나를 찾아올 것이다'라는 말을 흔히 듣게 된다. 특히 밀레니엄 세대들이 그런 말을 자주 한다. 하지만 정말로 중요한 것은 이 말의 배후에 숨어 있다. 뉴스가 당신을 찾아온다면 그것은 특정 알고리즘에 의해서 일어나는 일이다." 그리고 그 알고리즘은 중립적이지 않다. 그 알고리즘 속에는 프로그래머의 견해와 판단이 들어 있다.

페이스북은 신문 1면에 실릴 기사를 결정하는 편집장의 역할을 넘겨받은 것일까? 물론 그렇지 않다. 아무도 명시적으로 내용을 선별하지 않는다. 페이스북의 뉴스 피드 팀에서 일하는 젊은 프로그래머 그레그 마라는 "우리는 우리 자신을 편집자로 여기지 않으려고 노력한다"고 말한다.

페이스북 관계자들은 자신들이 미디어에 방문자를 공급해주는 우군이라고 여긴다. 최근 들어 페이스북은 미디어가 직접 자사의 뉴스를 올리는 것까지 허용한다. 덕분에 페이스북 사용자들은 우회로를 거치지 않고도 여러 미디어의 뉴스를 접할 수 있다. 〈뉴욕 타임스〉지 기자 데이비드 카는 이렇게 쓴다. "언론출판업계 종사자의 입장에서 페이스북은 공원에서 당신을 향해 달려오는 커다란 개와 비슷한 구석이 있다. 그 개가 당신과 놀려고 그러는지 아니면 당신을 물어뜯으려고 그러는지 판단이 안 설 때가 많다." 그는 이렇게 덧붙인다. "온라인 회사들은 일정한 규모에 도달하면 물론 인터넷이 좋기는 하지만 그보다 더 좋은 버전의 인터넷을 보유하고 싶어 하는 경향이 있다." 그리고 그 버전은 당연히 자사의 고유한 비전이다. 뉴욕 대학교 언론학 교수 제이 로젠의 분석에 따르면 "[페이스북 뉴스 피드 알고리즘의] 최종 목표는 충분한 정보에 기초한 여론이나 정보를 잘 제공받는 대중이 아니라 꾸준히 페이스북에 접속하는 기반 사용자층이다."

페이스북이 필터 버블을 만들어낸다는 것을 구체적으로 입증할 수 있을까? 궁극적으로는 페이스북의 데이터를 살펴볼 수 있어야만 입증이 가능하다. 그 회사는 이루 말할 수 없이 값진 보물을 숨겨두고 있다. 그 보물은 엄청나게 많은 사람들의 인간관계와 개인적 취향과 욕망에 관한 데이터다. 그리고 언제 누구에게 어떤 뉴스를 제공할지는 오로지 페이스북만이 안다. 페이스북은 자체적으로 대규모 데이터 연구팀을 보유하고 있지만 때때로 외부의 학자들과 협력하면서 그들에게 익명화된 데이터 뱅크에 접근할 권리를 준다. 그런 경로로 페이스북 데이터 뱅크를 이용하여 쓴 논문이 저명한 학술지에 종종 실린다. 그렇게 작성된 한 논문은 부정적인 명성을 얻었다. 그 논문을 쓴 연구자들은 페이스북 사용자들이 읽는 뉴스 피드 항목의 분위기가 그들 자신이 올리는 항목에 영향을 미치는지 연구했다. (연구 결과는 영향을 미친다는 것이다.) 저명한 〈미국 과학아카데미 회보 Proceedings of the National Academy of Sciences〉에 실린 그 논문은 비판을 받았다. 왜냐하면 그 논문을 위한 연구에서 많은 페이스북 사용자의 뉴스 피드가 조작되었기 때문이다. 연구자들은 주로 특정 분위기의 뉴스를 보여주는 방식으로 뉴스 피드를 조작했다. 그리고 그 작업은 당연히 사용자들의 사전 동의 없이 이루어졌다. 이것은 사회과학의 불문율을 깨는 행동이다.

그후 2015년 5월에는 필터 버블 문제를 다루는 논문이 발표되었다. 페이스북은 우리의 기존 견해에 부합하는 내용을 주로 제공할까? 이 연구에서는 뉴스 피드가 조작되지 않았다. 연구자들은 단지 프로필에 자신의 정치적 성향을 밝힌 미국인 사용자 약 1000만 명을 관찰하기만 했다. 자신이 보수적이라고 밝힌 사용자들과 진보적이라고 밝힌 사용자들을 말이다. 1000만 명이면 충분히 많은 듯하지만 그 숫자는 미국 페이스북 사용자의 4퍼센트 정도에 불과하다. 당신은 페이스북 프로필에 당신의 정치적 성향을 공개하는가? 아마 그렇지 않을 것이다. 페이스북에 자신의 정치적 성향을 기재하는 사람은 드물다.

연구팀은 사용자들이 뉴스 22만 6000건을 어떻게 취급했는지 조사했다. 뉴스는 보수적인 뉴스와 진보적인 뉴스로 분류되었다. 그런데 이 분류의 기준은 뉴스의 내용이 아니라(페이스북 알고리즘은 아직 내용을 분석할 줄 모른다) 출처였다. 보수적인 사용자는 〈폭스 뉴스〉를 선호하고 진보적인 사용자는 〈허핑턴 포스트〉지를 선호하기 때문에 이 두 미디어는 각각 보수적 매체와 진보적 매체로 분류되었다. 연구자들이 주목한 뉴스가 연구에 참가한 사용자들의 뉴스 피드에 실제로 나타난

횟수는 9억 300만 회였고 클릭이 이루어진 횟수는 5900만 회였다.

일단 명확히 드러난 사실은 사람들이 완벽하게 격리된 거품방울 안에서 살지는 않는다는 것이었다. 거의 모든 보수적인 사용자는 진보적인 친구가 있고 거의 모든 진보적인 사용자는 보수적인 친구가 있다. 연구는 추가로 아래 두 질문을 탐구했다.

– 사용자는 자신의 정치적 성향에 어긋나는 뉴스를 더 드물게 클릭할까?
– 페이스북 뉴스 피드 알고리즘은 사용자의 정치적 성향에 부합하는 뉴스를 특히 자주 선택할까?

연구팀은 과학 학술지 〈사이언스〉에 발표한 논문에서 이런 결론을 내렸다. "알고리즘보다는 개인의 선택이 그가 어긋나는 내용과 마주치는 횟수를 더 많이 제한한다." 이때 '어긋나는 내용cross-cutting content' 이란 사용자의 정치적 신념에 반하는 내용을 말한다. 요컨대 주로 사용자 본인이 자신의 필터 버블을 제작하고 자신의 마음에 드는 내용만 인지한다는 것이다. 반면에 알고리즘이 필터 버블에 기여하는 몫은 비교적 작다고 연구팀은 밝혔다. 당연히 페이스북은 이 연구 결과를 널리 알렸다.

그러나 많은 비판과 반론이 제기되었다. 방법론적 결함(이미 지적한 대로 이 연구는 모든 페이스북 사용자가 아니라 자신의 정치적 성향을 밝힌 소수의 사용자만을 대상으로 삼았다)은 제쳐두더라도 연구팀이 개인의 뉴스 소비에 의한 왜곡과 알고리즘에 의한 왜곡을 동등하게 취급한다는 점이 가장 큰 문제로 지적되었다.

사람들이 자신의 정치적 성향에 맞는 미디어를 선택적으로 소비한다는 것은 미디어 연구자들에게 너무나 당연한 사실이다. 사람들은 자신의 견해와 늘 상반되는 논평을 싣는 일간지를 굳이 구독하지 않는다. 따라서 인터넷에서 사람들이 자신과 성향이 맞는 미디어의 링크를 클릭하는 것은 이상한 일이 아니다. 중요한 것은 알고리즘의 선택이 사용자 본인의 선택보다 더 편파적인지 여부가 아니라 사용자 본인의 선택에 의한 편파성을 알고리즘이 추가로 강화하는가 하는 문제다.

실제로 연구에서 이 문제에 관한 수치들이 나왔다. 진보적 사용자들이 (친구의 공유 덕분에) 볼 수 있었던 뉴스 중에서는 24퍼센트가 "다른 진영"에서 나온 것이었던 반면 보수적 사용자들의 뉴스 피드에서는 그 비율이 35퍼센트였다. 이 숫자들은 고무적이다. 왜냐하면 페이스북 사용자들이 같은 견해를 가진 친구로만 둘러싸여 있지 않음을 보여주기 때문이다.

그런데 알고리즘은 뉴스를 이 비율대로 보여주지 않았다. 알고리즘은 "다른 진영"에서 나온 뉴스의 비율을 진보적 사용자의 뉴스 피드에서는 8퍼센트만큼, 보수적 사용자의 뉴스 피드에서는 5퍼센트만큼 줄였다. 그 다음에 사용자의 선택으로 인해서 진보적 사용자가 클릭하는 다른 진영 뉴스의 비율은 추가로 6퍼센트, 보수적 사용자가 클릭하는 그런 뉴스의 비율은 추가로 17퍼센트 감소했다.

쉽게 설명하면 이러하다. 내가 보수적 사용자라면 페이스북은 진보적 기사 20건 가운데 1건을 나에게 보여주지 않는다. 반대로 내가 진보적 사용자라면, 페이스북은 보수적 기사 13건 가운데 1건을 나에게 숨긴다. 즉, 페이스북은 나의 성향에 맞게 뉴스를 미리 약간 걸러내면서 나에게 거슬릴 만한 뉴스를 숨긴다. 그런 다음에는 당연히 내가 뉴스를 재차 선택한다. 물론 나의 선택이 훨씬 더 강한 걸러내기 효과를 내지만, 그렇다고 해서 페이스북의 '검열'이 그리 심각한 것은 아니라고 결론지을 수 있을까?

마이크로소프트 소속 연구자 크리스천 샌드빅은 페이스북의 검열이 개인의 검열보다 훨씬 더 미약하다는 해석을 흡연이 탄광 노동보다 훨씬 덜 해롭다는 주장에 빗대면서 이렇게 지적했다. "그런데 지금 우리가 직면한 문제는 흡연하는 광부들에 관한 것이다. 더구나 아마도 탄굉 안에서 흡연하는 광부들 말이다."

요컨대 페이스북은 특정 내용들을 나의 뉴스 피드에서 걸러냄으로써 나의 필터 버블 형성에 기여한다. 하지만 이것은 어느 신문이나 당연히 하는 일이다. 언론인들도 의식적으로든 무의식적으로든 '뉴스'를 선별한다. 또한 내가 영향을 미칠 수 없는 신문 편집국과 달리 페이스북 알고리즘은 나의 개인적 취향에 맞는 뉴스를 선별하리라고 예상할 수 있다.

그러므로 페이스북에 대한 비판이 겨냥하는 표적은 그 회사가 우리를 위해 뉴스를 선별한다는 사실이 아니라, 그 회사가 이 편집적인(또한 어떤 의미에서 저널리즘적인) 선별을 인정하고 그 기준을 공개해야 하는데 그렇게 하지 않는다는 점이다. 오히려 페이스북은 (공개되지 않은) 알고리즘 뒤에 숨는다. 외견상 항상 사용자의 편의만을 고려하는 중립적 행위자처럼 보이는 알고리즘 뒤에 말이다.

언론인으로서 나는 훌륭한 편집을 존중한다. 편집자의 과제는 매일 또는 매주 뉴스의 흐름에서 스스로 가장 중요하다고 여기는 뉴스를 선별하는 일, 그리고 무엇보다도 특정 사안을 조사하고 보도함으로써 스스로 의제를 설정하는 일이다. 미디어의 지면은 한정적이지만 독자의 정보 수용력도 한정적이다. 편집자의 뉴스 선별은 한편으로는 독자를 위한 서비스다. 그러나 다른 한편으로 뉴스 선별은 과거에 여론 형성에 큰 영향을 미쳤다. 미디어에 등장하지 않는 것은 아예 존재하지 않는 것과 다름없었다. 역사적으로 미디어는 정치적 스펙트럼의 일부를 배제한다는 비난을 (타당하게 또는 부당하게) 거듭 받았다. 그리고 지금 언론인들은 이 문지기 역할을 잃는 중이다. 인터넷에서는 이론적으로 어떤 블로그 글이라도 소셜미디어를 통해 수백만 명에게 전달될 수 있다.

그와 동시에 우리는 현명한 견해를 인터넷에 올려놓고 그것이 바이러스처럼 퍼져나가기를 바라는 것만으로는 부족하다는 점을 배우는 중이다. 알고리즘이 뉴스에 가중치를 부여하는 방식으로 인해 새로운 전략들이 생겨났다. 뉴스는 '클릭 미끼click bait'로 전락하는 중이다. 뭐니 뭐니 해도 일단 클릭되기를 바라는 작은 미끼로 말이다. 뉴스는 처음 두세 문장이나 동영상 몇 초에서 더 읽거나 보고 싶다는 욕구를 일으켜야 한다. 버즈피드Buzzfeed나 heftig.co 같은 웹사이트들은 끝없는 잔꾀와 충격적인 뉴스로 우리의 호기심을 (때로는 우리의 저급한 본능도) 이용해먹는다. 인간이 그런 유혹에 반발하는 것은 거의 불가능하다. 하지만 알고리즘을 이용하면 그런 웹사이트의 노출 빈도를 줄일 수 있다. 그렇게 할지 말지 결정하는 프로그래머는 전적으로 편집자의 역할을 하는 것이다.

그런데 인간 사회의 친분관계망은 과연 얼마나 촘촘할까? '분리의 여섯 등급' 이론의 바탕에 놓인 질문의 답을 적어도 페이스북 사용자들에 대해서는 수학적으로 정확하게 얻을 수 있다. 물론 그러려면 관련 데이터를 독점하고 있는 페이스북 연구팀의 협조가 필수적이지만 말이다. 실제로 2011년에 수행된 한 연구에서 그 답이 정확한 수치로 나왔다. 첫째, 전체 페이스북 사용자의 99.9퍼센트는 하나의 거대한 연결망을 이루며 그 연결망 안에서는 임의의 사용자로부터 다른 임의의 사용자로 가는 경로를 확보할 수 있다는 것이 밝혀졌다. 뒤집어서 말하면 그 거대한 연결망으로부터 격리된 사용자들, 즉 대다수 페이스북 회원으로부터 "무한히 멀리" 떨어진 사용자들이 극소수 존재한다는 것이 밝혀졌다.

그 연구의 결론에 따르면 페이스북 사용자 두 명 사이의 거리는 평균 4.74걸음이다. 즉, 두 회원 사이에 위치한 "중개인"은 평균 3.74명이다. 따라서 '분리의 여섯 등급' 이론은 중개인의 수를 너무 높게 잡은 것일까? 전혀 그렇지 않다. 왜냐하면 그 이론이 말하는 6은 평균거리가 아니라 최대 거리니까 말이다. 페이스북 연구가 최대 거리에 관해서 얻은 결과는 이러하다. 모든 사용자 쌍의 92퍼센트는 최대 4명의 중개인을 거쳐 연결되며 99.6퍼센트는 최대 5명의 중개인을 거쳐 연결된다. 요컨대 1929년에 프리제시 카린시 단편소설에서 추측한 중개인의 최대 수 5명은 실제로 진실에 매우 가까운 것으로 보인다.

6장
예측:
상관성을 근거로 예측하기

몇 년 전에 미국 슈퍼마켓 체인 타깃^{Target}의 고객 한 명이 미니애폴리스에 위치한 지점의 고객서비스 사무실에 난입하여 쿠폰 다발을 흔들며 소란을 피웠다. "내 딸이 우편으로 받은 쿠폰들이다!" 그 남성은 격분하여 외쳤다. "그 아이는 아직 학생이야. 그런데 당신들이 아기 옷, 아기 침대 쿠폰을 보냈어. 이게 뭐하는 수작이야? 임신하라고 꼬드기는 거야, 뭐야?" 고객서비스 직원은 실수를 인정하고 사과했다.

2012년에 〈뉴욕 타임스 매거진〉에 소개된 이 일화는 일견 우리가 툭하면 경험하는 실패한 표적 광고의 사례로 보인다. 대도시 거주자에게 제초기를 광고하고, 술을 안 마시는 사람에게 맥주를 광고하고, 채식주의자에게 바비큐용 소시지를 광고하는 것과 유사한 경우로 말이다. 그러나 이 일화는 반전으로 마무리된다. 며칠 후 타깃 직원이 재차 사과하기 위해 전화를 걸었을 때 그 남성은 미안해하면서 이렇게 말했다. "내가 딸과 이야기를 나눴어요. 내가 모르는 몇 가지 일이 우리 집에서 일어나고 있는 모양입니다. 8월에 아기가 태어난다는군요. 오히려 내가 사과해야 해요."

이 일화는 오늘날 대형 유통회사가 우리의 사생활에 대해서 얼마나 잘 아는지 보여주는 사례로 자주 거론된다. 언젠가 유통회사들은 우리의 가장 가까운 지인들보다 우리를 더 잘 알게 될까? 만약에 타깃이 그 젊은 여성이 임신검사를 하기 전에 그녀의 임신을 알았다면 그것은 정말로 기적이라고 할 만할 것이다. 그러나 이 일화가 주는 교훈은 오히려 부모와 자식 사이의 소통 부족에 대한 경고다.

사정을 더 자세히 살펴보자. 타깃은 몇 가지 뻔한 징후를 포착했기 때문에 그 여성에게 임신부를 위한 광고를 보냈다. 〈뉴욕 타임스 매거진〉의 기사에 따르면 그 회사는 25가지 상품을 기준으로 삼아 "임신 점수"를 계산한다. 젊은 여성이 갑자기 향내가 없는 바디로션을 사고, 아기용 속싸개로도 쓸 수 있는 담요를 사고, 영양보충용 아연 정제와 마그네슘 정제를 사면 그녀의 임신 점수는 급상승한다. 뿐만 아니라 시간이 어느 정도 지나면 타깃은 그녀의 출산예정일까지 상당히 정확하게 예측할 수 있다.

또 다른 사례를 보자. 거주자의 85퍼센트가 흑인인 시카고 오스틴 구역에 사는 22세의 고등학교 중퇴자 로버트 맥대니얼은 2013년 8월에 한 여자 경찰관의 방문을 받았다. 그녀는 그를 체포하려는 것도 아니고 심문하려는 것도 아니었다. 그녀는 다만 경고의 메시지를 전달했다. 우리가 너를 감시하고 있으니 행동을 조심하는 편이 좋을 것이라는 메시지였다. "내 행동은 다른 청년들하고 다르지 않아요. 대마 좀 피우고, 도박 좀 하고. 설마 경찰이 정말로 나를 주시할까요?"라고 그 젊은이는 〈시카고 트리뷴〉지 기자에게 말했다. 경찰이 그를 찾아온 것은 그가 이른바 히트 리스트 heat list에 등재되었기 때문이었다. 그 목록은 경찰 컴퓨터가 보기에 가까운 미래에 폭력범죄를 저지를 개연성이 어느 정도 있는 인물 420명의 명단이었다.

그 경찰관과 동료들은 명단에 올라온 인물들의 구직활동을 돕고 기타 사회복지 서비스를 제공하기 위해 그들을 일일이 방문했다. 맥대니얼은 이런 관심이 전혀 반갑지 않았다. 오히려 이웃들이 그를 경찰 끄나풀로 여길까봐 걱정되었다. 그와 친한 친구 하나가 작년에 오스틴 구역에서 총에 맞아 죽었다. 맥대니얼은 아마도 그 사건 때문에 '히트 리스트'에 올랐을 것이다. 왜냐하면 경찰의 프로그램은 당사자의 과거 범죄뿐 아니라 주변 인물들까지 고려하니까 말이다.

경찰은 사람이 죽은 다음에야 수사에 나서는 대신에 범죄를 예방하고 가장 위험한 인물들을 감시해야 할까? 인권운동가들이 보기에 이런 예측 치안 predictive policing은 영락없이 영화 〈마이너리티 리포트〉를 연상시킨다. 필립 딕이 1956년에 발표한 단편소설을 원작으로 삼은 그 영화에서 (컴퓨터 분석이 아니라 특별한 요원 몇 명의 초능력에 기초한) '프리크라임 Precrime' 시스템은 미래에 누가 범죄를 저지르게 될지 알아낸다. 그런데 맥대니얼이 경험한 것과 달리 그 영화에서는 잠재적 범죄자들이 범죄를 실행하기 전에 체포된다. 그리하여 범죄 건수가 무려 99.8퍼센트 감소한다.

지금까지 언급한 컴퓨터 예측의 두 사례는 꺼림칙한 느낌을 일으킨다. 실제로 컴퓨터 예측은 우리의 가장 내밀한 사생활에도 침입한다. 나의 임신조차도 내가 바라는 대로 비밀에 부칠 수 없다는 것이 말이 되는가? 나는 (대마초를 피운 것 외에는) 아무 짓도 안 했는데 어째서 잠재적 범죄자 명단에 오르는가? 이 일화들은 이른바 '예측 분석 predictive analytics'의 극단적인 사례들이다. 예측 분석이란 대규모 데이터(빅데이터)로부터 예측을 도출하는 작업이다. 비유하자면, 마구잡이로 쌓인 정보의 건초더미에서 의미심장한 바늘을 찾아내는 일이라고 할 수 있다. 우리는 일상에서 예측 분석을 자주 접한다. 우리가 보는 웹사이트에 우리를 겨냥한 개인 맞춤형 광고가 뜰 때, 알고리즘이 우리의 신용카드 사용내역에서 미심쩍은 패턴을 발견했기 때문에 카드 결제가 이루어지지 않을 때, 우리가 검색창에 입력하는 문구를 구글이 자동으로 (때로는 우리의 뜻을 거슬러 우스꽝스럽게) 완성할 때, 알고리즘이 우리를 그리 중요하지 않은 고객으로 판정했기 때문에 우리가 콜센터에 전화를 걸고 직원과 상담하기 위해 유난히 오래 기다려야 할 때 우리가 경험하는 것이 예측 분석이다.

마지막 사례에서 대다수 사람들은 컴퓨터가 상황에 개입하고 있다는 것을 상상조차 하지 못한다. 은행이 우리의 대출 신청을 거절할 때도 마찬가지다. 빅데이터에서 도출한 우리의 "점수"가 너무 낮기 때문에 은행이 대출을 거절하는 일은 점점 더 잦아지고 있다. 인터넷에서의 클릭 하나 하나, 비현금 거래 하나 하나가 데이터 흔적으로서 한 컴퓨터가 아니라 전 세계의 수많은 컴퓨터에 저장된다. 그리고 틀림없이 그 데이터 흔적은 언젠가 예측 알고리즘에 입력될 것이다.

그런 알고리즘들을 환영해야 할지 여부에 대해서 오래 전부터 논쟁이 이어져왔다. 예측 치안에 비해 사회적으로 덜 민감한 주제인 광고에 대해서는 이렇게 주장할 수 있을 것이다. 기왕에 광고를 하려거든 나에게 실제로 필요한 상품들을 광고하라. 하지만 어떤 사람들은 수많은 회사가 우리에 관한 세부정보를 보유하고 있다는 생각만으로도 공포를 느낀다.

게다가 그 세부정보는 때때로 오류를 포함하고 있다. 미국 베스트셀러 저자 캐럴 로스는 자기 블로그에서 유통업체 타깃이 그녀가 임신했다고 판단한 모양이라고 투덜거렸다. 그녀는 광고물뿐 아니라 무료 젖병 세트까지 배송받았다. 그런가 하면 구글은 그녀가 65세 이상의 남성이라고 짐작했다. (구글에 계정을 가진 사용자라면 누구나 그 회사가 자신을 어떤 사람으로 짐작하는지 알아볼 수 있다. http://www.google.com/ads/preferences/를 방문하라.) 페이스북은 누가 봐도 우리에게 적합하지 않은 광고들을 늘 보여준다. 우리는 하루 종일 관찰되고 평가되고 분류되며 대부분의 경우에는 우리에 관한 틀린 정보를 수정조차 할 수 없다.

'예측'이라는 단어가 반드시 미래와 관련되는 것은 아니다. 미래 사건을 미리 말하는 행위뿐 아니라 알려지지 않은 것을 짐작하는 행위도 예측이라고 한다. 짐작의 대상은 때로는 수치지만("이 고객은 내년에 우리 온라인 쇼핑몰에서 얼마어치를 살까?"), "예" 또는 "아니오" 같은 분절적인 값일 때도 많다("이 신용카드 거래는 합법적인 소유자에 의한 것일까?"). 또한 과거 사건에 관한 예측도 있을 수 있다("그 범죄를 이 사람이 저질렀을까?").

과거를 근거로 미래를, 아는 것을 근거로 모르는 것을 추론하는 능력은 기본적으로 지극히 인간적이다. 우리는 이런 유형의('A라면 B다' 형태의) 가언추론을 끊임없이 실행한다. 우리의 생존이 그 추론에 달려 있다고 해도 과언이 아니다. 덤불이 부스럭거리는 것을 보고 곧 검치호랑이가 튀어나오리라는 것을 추론할 수 있는 사람은 확실히 진화적으로 유리한 입장에 선다. 어린 시절부터 우리는 이런 추론 능력을 학습하고 오류를 범하면 때때로 큰 대가를 치른다. 음악 연구자 데이비드 휴런은 『달콤한 예상』이라는 책에서 우리가 음악을 즐기는 이유는 음악이 이런 추론 능력, 즉 "미래감각"을 발달시키기 때문이라고 주장했다. 예컨대 음악에서 화음과 멜로디의 전개는 긴장을 만들어내고 그 긴장은 특정한 음이나 코드에 이르러 해소된다. 음악을 들을 때 우리는 그 해소를 예상하고 결국 마지막 코드가 울려서 그 예상이 옳았음이 드러나면 깊은 만족감을 느낀다. 거꾸로 모차르트는 병든 아버지를 곁에 두고 피아노를 연주하다가 곡의 마지막 음을 앞두고 일부러 버벅거려 긴장의 해소를 막는 방식으로 그 가련한 늙은이를 괴롭혔다.

말할 필요도 없겠지만 우리는 "현실"의 삶에서도 늘 예측을 행하고 있는 예측기계나 다름없다. 우리는 흔히 예측한다는 것을 의식하지 못하면서 예측하며 (우연일 수도 있는) 상관성을 인과관계로 일반화한다. 경찰은 인종적 특징이나 사회적 특징에 기초하여 용의자를 선별한다는 비난을 자주 받는다. 그렇다면 인간 경찰관 대신에 컴퓨터가 냉철한 지성으로 용의자를 선별하는 것이 더 낫지 않을까?

사장은 새 직원을 뽑을 때 구직자들의 객관적 자격만 고려하지 않는다. 선별은 면접 대상자를 고를 때부터 이미 시작된다. 나는 내 책 『우리 독일인이 사는 방식』을 쓰기 위해 실시한 조사에서 이런 질문을 던졌다. "당신이 어느 회사의 인사책임자라고 가정하자. 당신은 여러 구직자의 입사원서를 받았는데, 구직자들의 자격은 대동소이하다. 당신은 어떤 구직자를 면접에 부르겠는가?" 조사지에는 여러 이름이 적혀 있었다. 그것들은 모두 남성의 이름이었으며 다양한 인종을 연상시켰다. 조사에 응한 사람의 45퍼센트는 스벤 베커 Sven Becker (독일계 이름—옮긴이)를 부르겠다고 했고 37퍼센트는 스콧 스미스 Scott Smith (영미계 이름—옮긴이)를 선택했다. 반면에 아콘토 음베키 Akonto Mbeki (아프리카계 이름—옮긴이)와 드미트리 이바노프 Dmitrij Iwanow (러시아계 이름—옮긴이)를 부르겠다는 응답자는 각각 25퍼센트였다. 외모나 성별에 따른 차별이 끼어들 틈이 전혀 없었는데도 이 같은 차별적인 결과가 나온 것이다. 확실히 이 결과는 서류 심사에서 구직자들의 이름을 익명화해야 한다는 주장, 혹은 서류 심사를 컴퓨터로 실시해야 한다는 주장에 힘을 실어준다.

컴퓨터가 예측을 위해 작동시키는 알고리즘은 매우 다양하다. 하지만 모든 예측 알고리즘의 공통점은 알려진 관계로부터 알려지지 않은 관계를 추론한다는 점이다. 알려진 관계란 과거에 수집된 데이터를 말한다. 또한 우리는 그 데이터가 예측을 위해 적합하고 충분하다고 전제해야 한다. 예를 들어 똑같은 조건이 갖춰지면 똑같은 데이터가 나온다고 전제해야 한다. 물론 이 전제는 얼마든지 의문시될 수 있다. 특히 인간의 행동을 다루는 경우에 그러하다.

하지만 데이터를 아무리 많이 수집하더라도 데이터가 현실을 완전하게 모사하는 것은 결코 불가능하다. 신용카드 회사의 카드 도용 적발 알고리즘이 내 카드가 어디에서 사용되는지에만 관심을 기울인다면, 내가 오늘은 독일에서, 내일은 이탈리아에서, 모레는 미국에서 카드를 사용할 경우 그 알고리즘은 내 카드가 도용되고 있다고 의심할 것이다. 내 신용카드 번호를 알아낸 악당들이 세 나라로 흩어져 카드를 도용하는 것일 가능성이 충분히 있으니까 말이다. 그러나 내가 실제로 여행 중일 가능성도 있다. 가용한 다른 데이터가 없다면 신용카드 회사는 내 카드를 사용정지 처리해야 할까? 궁극적으로 알고리즘은 카드 도용 확률을 0과 1 사이의 한 숫자로 알려줄 수 있을 뿐이고 보안 프로그램을 얼마나 "예민하게" 설정할 것인지는 회사가 결정할 몫이다. 도용 확률이 0.7만 되어도 비상경보를 발령할 것인가, 아니면 0.9에 이르러야 발령할 것인가? 난데없이 카드를 쓸 수 없게 된 고객의 항의와 카드 도용 중에서 어느 것이 더 나쁜가? 내가 느끼기에 나의 주거래 은행은 아주 일찍 비상경보를 발령한다. 적어도 외국에서 첫 카드 거래를 시도할 때면 나는 거의 늘 짜증스러운 상황에 직면한다.

설령 주변 조건에 관한 데이터를 완벽하게 확보하더라도 예측의 성공이 보장되지는 않는다. 성공적인 예측을 위해서는 표적 인물이 동일한 조건에서 동일하게 행동한다는 전제가 추가로 성립해야 한다. 바꿔 말해 우리가 어떤 표적 인물의 행동을 예측하려 한다면 그가 원리적으로 예측 가능한 인물이어야 한다.

예측을 위해서는 최소한 두 가지 값을 고려해야 한다. 하나는 우리가 예측하고자 하는 목표값, 다른 하나는 목표값을 도출할 때 근거로 삼을 변수다. 후자는 수학에서 예측변수predictor로도 불린다. 두 값이 맺을 수 있는 가장 단순한 관계는 선형종속linear dependence, 즉 예측변수의 변화에 비례하여 목표값도 변화하는 것이다. 관계가 완벽하게 성립할 필요는 없다. 예컨대 사람의 몸무게와 키는 일차종속 관계가 아니다. 키가 똑같이 180센티미터여도 뚱뚱한 사람과 마른 사람이 있다. 그러나 평균적으로 보면 키가 큰 사람은 몸무게도 많이 나간다. 자동차의 배기량과 출력 사이의 관계도 이와 유사하다. 대체로 배기량이 크면 출력도 크다. 배기량은 작은데 출력은 놀랄 만큼 큰 엔진도 가끔 있기는 하지만 말이다.

　이런 선형종속 관계 데이터를 예측 알고리즘에 써먹을 수 있도록 처리하는 방법을 일컬어 선형회귀linear regression라고 한다. 이 방법이 어떻게 작동하는지 설명하기 위해 약간 지엽적인 예를 살펴보자. 여성복의 치마 길이가 묘하게도 경제 상황에 따라 변한다는 주장을 어쩌면 당신도 들어본 적이 있을 것이다. 주식 시세가 상승하면 치마가 짧아진다는 것이다. 실제로 1971년에 테네시 대학교의 학생 매리 앤 마비는 이 현상을 탐구하기 위해 1921년부터 1970년까지의 주식 시세와 치마 길이를 비교했다. 아래 그래프들은 매년 다우존스지수 평균값과 바닥에서부터 치맛단까지의 높이를 키로 나눈 결과를 퍼센트로 나타낸 값(이 값이 클수록 치마가 짧은 것이다)이 어떻게 변화했는지 보여준다. 매리는 후자를 잡지 〈보그〉에 나오는 사진에서 측정했다.

　보다시피 두 곡선이 놀랄 만큼 유사하지 않은가? 다만, 1938년과 1947년 사이에서는 규칙성이 깨진다. 전쟁 중이던 그 당시에 미국 경

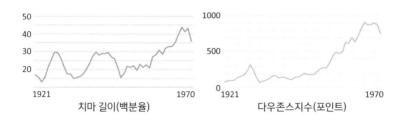

치마 길이(백분율)　　　　　다우존스지수(포인트)

제는 침체되었지만 치마는 짧아졌다.

주식 시세와 치마 길이 사이에 존재할 가능성이 있는 선형 관계를 탐구하려면 시간 차원을 제쳐두고 주식 시세를 x좌표, 치마 길이 지표를 y좌표로 가진 점들을 살펴보아야 한다. 우리는 다우존스지수에 기초하여 치마 길이를 예측해보고자 한다. 방금 언급한 점들을 그래프에 찍으면 마치 구름처럼 적당히 분산된 분포를 이룬다.

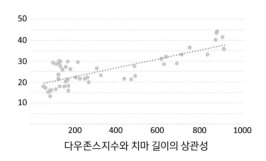

다우존스지수와 치마 길이의 상관성

완벽한 선형 종속이 성립한다면 모든 점들이 한 직선 위에 놓일 텐데 위 그래프에서는 그렇지 않다. 특히 다우존스지수가 낮을 때 점들의 배치가 상당히 어지러워진다. 그러나 전반적인 추세를 주목하면 다우존스지수가 높을수록 치맛단이 위로 올라간다는 것을 알 수 있다.

이 추세를 수학적으로 서술하려면 어떻게 해야 할까? 선형회귀의 목표는 상관성을 가장 잘 나타내는 직선을 찾아내는 것이다. 이때 "가장 잘"은 무슨 의미일까? 데이터 점들과 그 직선 사이 수직거리들의 총합이 가능한 한 작아야 한다는 뜻이다. 더 정확히 말하면, 그 수직거리들의 제곱들의 총합이 가장 작아지게 만드는 직선을 찾아내야 한다.

선형회귀 계산을 어떻게 하는지는 우리의 논의에서 중요하지 않다. 엑셀 같은 표 계산 프로그램을 이용하면 간단히 그 직선의 방정식을 얻을 수 있다. 우리의 예에서 그 방정식은 아래와 같다.

$$y = 0.0218 \cdot x + 17.876$$

물론 치마 길이 지표를 소수점 아래 세 자리까지 계산하는 것은 터무니없지만 엑셀은 그런 문제를 모른다. 아무튼 우리는 이제 치마 길이를 예측할 수 있다. 다우존스지수가 300이라면, 이 값을 위 공식의 x에 대입하여 y 값 24.416을 얻을 수 있다. 이 예측을 현실과 비교해보자. 다우존스지수는 1929년과 1953년에 300을 기록했다. 그리고 실제로 이 두 해의 치마 길이는 위 방정식으로 얻은 값과 어느 정도 일치했다.

선형회귀를 맹목적으로 적용하면 안 된다. 왜냐하면 두 값 사이의 상관성이 그다지 뚜렷하지 않을 때에도 선형회귀를 통해 방정식을 얻고 그것을 예측에 이용하는 것은 가능하기 때문이다. x 값과 y 값 사이에 아예 상관성이 없더라도 우리가 예측을 강요하면 예측 알고리즘은 항상 예측 값 하나를 제시할 것이다.

다음 그림은 아무렇게나 정한 (x, y) 값들의 집합에 대해서 엑셀이 계산한 선형회귀 직선을 보여준다. 여기에서 보듯이, 선형회귀는 고찰되는 값들 사이에 어느 정도 상관성이 있을 때만 유의미하다. 상관성을 나타내는 값은 −1부터 1까지다. −1은 완벽한 '음의 상관성negative correlation'(x가 증가하는 만큼 y가 감소함)을 뜻하고 0은 상관성 없음을, 1은 완벽한 '양의 상관성positive correlation'을 뜻한다. 치맛단의 높이와

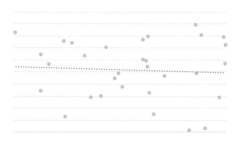

주식 시세 사이 상관성의 값(상관계수)은 0.78로 상당히 크다. 그러나 상관계수가 크다고 해서 인과관계가 존재한다고 결론지을 수는 없다. 당연한 말이지만 패션 디자이너들은 다음 시즌의 옷을 구상할 때 주식 시세를 참고하지 않는다. 하지만 외견상의 상관성을 낳는 '숨은 변수'가 존재할 수도 있다. 치마 길이와 관련해서는 남녀의 경제생활이 경기의 영향을 받는다는 주장이 많은 토론에서 제기되었다. 그러나 결국 모든 것이 한낱 우연일 수도 있다.

양질의 예측 분석을 위해서는 높은 상관성이 중요하다. 예측 알고리즘은 상관성의 진짜 원인에 대해서는 거의 관심이 없다. 예컨대 어느 미국 회사의 인사담당자이며 인간 분석people analytics 전문가인 길드는 유능한 프로그래머들이 일본 만화 웹사이트를 자주 방문한다는 것을 발견했다. 회사는 그 우수한 프로그래머들이 일본 만화를 좋아하는 이유가 무엇인지 알 필요가 없다. 이 상관성이 통계에서 확인되고, 신규 직원 선발에서 이 상관성을 참고하여 실제로 유능한 구직자들을 골라낼 수 있기만 하면 그만이다. 상관성을 입증하는 데이터 점들이 많을수록 그 상관성은 우연이 아니라고 더 강하게 확신할 수 있다.

데이터 분석으로 포착한 선형 상관성을 이제껏 측정한 범위 바깥의 값에 적용할 때는 대단히 신중해야 한다. 다우존스지수는 1971년 이후에도 등락을 거듭하며 계속 변화했지만 전반적으로 대폭 상승했다. 이 글을 쓰는 시점에 그 지수는 16,459다. 이 값을 앞에서 나온 선형회귀 방정식에 집어넣으면 치마 길이 지표가 약 377로 나온다. 그런데 이 값은 치맛단이 바닥에서 약 10미터 높이에 위치한다는 것을 의미한다. 치마를 입은 여성의 머리보다 한참 위에 치맛단이 있다는 뜻이니 터무니없는 결과가 나온 것이다.

이것은 모든 선형회귀의 특징이다. 선형회귀로 얻은 직선은 좌우로 무한히 연장할 수 있고 y 값도 얼마든지 커지거나 작아질 수 있다. 그러나 선형회귀로 얻고자 하는 목표값은 범위가 한정되어 있을 때가 많다. 예컨대 치마 길이 지표의 경우에 목표값은 0보다 작거나 약 50퍼센트보다 클 수 없다. 얻으려는 '수치'가 확률이라면, 그 값은 0부터 1까지여야 한다. 이 경우에는 선형회귀 분석이 아니라 이른바 로지스틱 회귀logistic regression 분석이 쓰인다. 전자의 목표는 알려진 측정값들과 가장 잘 일치하는 직선을 찾아내는 것이지만, 후자의 목표는 알려진 측정값들과 가장 잘 일치하면서 y좌표가 0에서 1까지의 구간을 벗어나지 않는 S자형 곡선을 찾아내는 것이다.

알고리즘이 단 하나의 측정값(단일한 '예측변수')으로부터 예측을 도출하는 경우는 극히 드물다. 이를테면 특정 여성이 신생아용품을 한번 구매했다는 이유만으로 임신부로 분류되는 경우, 또는 신용카드가 외국에서 사용되었다는 이유만으로 사용이 정지되는 경우는 거의 없다. 더 세분화된 예측을 얻으려면 다수의 (선형회귀나 로지스틱 회귀를 통한) 예측을 종합할 필요가 있다. 이 작업을 사람이 직접 할 수도 있지만 알고리즘을 이용하여 수행할 수도 있다. 또한 요새는 이 작업에 이른바 신경망이 점점 더 많이 투입되는 추세다. 딥러닝deep learning은 인공지능 분야의 키워드로 떠오른 용어다. 인공지능 연구는 최근에 딥러닝을 이용하여 아주 큰 성과들을 거뒀다. 딥러닝은 과거의 신경망 개념과 대규모 데이터(빅데이터)를 결합한다(11장 참조). 딥러닝이 적용된 컴퓨터는 알려진 상관성으로부터 나름의 추론 규칙을 개발하는 법을 학습한다. 그러나 그 추론규칙을 명시적으로 제시하지는 못한다. 많은 이들은 딥러닝이 기계를 지능을 가진 존재로 만들어주리라고 여긴다. 지난 50년 동안 컴퓨터 연구자들은 지능을 갖춘 기계의 등장을 몇 번이나 장담했지만 실제 성과는 실망스러운 편이었다. 그러다가 마침내 많은 이들을 고무시키는 기술이 나온 것이다.

빅데이터 전도사들은 데이터가 충분히 많고 컴퓨터의 계산 성능이 충분하다면 알고리즘이 우리에게 놀라운 통찰을 공짜로 제공할 것이라고 호언장담한다. 자주 거론되는 예로 '구글 독감 동향Google Flu Trends'이 있다. 검색 엔진계의 거대기업 구글이 2008년에 개설한 이 온라인 서비스는 매년 발생하는 독감의 유행을 공공 분야에서 일하는 유행병학자들보다 더 정확하고 신속하게 예측한다고 한다. 이 서비스의 기반을 이루는 아이디어는 독감의 유행이 사람들의 검색 행태에 어떤 식으로든 반영되리라는 것이었다. 독감 증상을 자각한 사람은 인터넷에서 치료법을 검색할 것이다. 따라서 특정한 검색어들이 증가하는지 살펴보기만 하면 어디에서 독감이 유행하는지를 상당히 정확하게 알 수 있을 것이다.

그러나 구글의 과학자들은 독감의 동향을 파악하려면 어떤 검색어들을 주목해야 할지 숙고하지 않았다. 대신에 그들은 아무것도 모르는 숙맥처럼 행동했다. 즉, 가장 흔한 검색어 5000만 개를 추려내고 그것들이 등장하는 빈도를 2003년부터 2008년까지의 독감 통계와 비교했다. 요컨대 내가 앞서 서술한 것과 같은 방식으로 상관성을 조사한 것이다. 그리하여 그들은 과거의 곡선과 가장 잘 일치하는 검색어 45개를 선정했다. 그리고 이 검색어들을 미래의 독감환자수를 예측하기 위한 지표로 삼았다.

그 검색어 45개가 무엇인지 구글은 공개하지 않았다. 구글의 과학자들은 그 검색어들이 실제로 독감과 관련이 있다고 이야기한다. 그러나 세부사항은 비밀이다.

처음에 구글 독감 동향은 독감의 유행을 매우 성공적으로 예측했다. 그러나 시간이 지나자 심각한 오류가 몇 번 발생했다. 그 프로그램은 2009년 돼지독감의 대유행을 전혀 예측하지 못했으며 2013년에는 나중에 실제로 확인된 독감환자수보다 두 배 많은 환자가 발생하리라고 예측했다. 현재 구글은 독감 유행의 예측을 중단했지만, 지금도 해당 웹페이지(www.google.org/flutrends/about/)에서 과거 데이터를 볼 수 있다.

오늘날 구글 독감 동향의 유행병 예측 시도는 실패했다고 평가받는다. 그 이유는 여러 가지다.

– 구글 독감 동향의 예측은 주로 초기에 성공적이었다. 왜냐하면 그때는 보외법extrapolation 이 아직 유효했기 때문이다. 그 프로그램은 과거의 상관성에 기초하여 미래를 예측했다. 그러나 해가 거듭될수록 매년의

조건들은 늘 동일하지 않았다. 예컨대 어떤 해에는 언론이 독감 유행에 대한 보도를 예년보다 더 많이 했고, 그 영향으로 사람들은 인터넷에서 독감에 관한 정보를 더 많이 검색했다. 그리하여 구글 독감 동향은 실제보다 더 많은 독감환자수를 예측했다.

– 하지만 가장 중요한 문제는 이 시도가 상대적으로 "잡음이 섞인" 데이터에서 정확한 결론들을 도출하려 했다는 점이다. 유행병학자는 환자를 꼼꼼히 검진하고 바이러스를 검출한 다음에 비로소 독감 사례를 판정한다. 일반인이 스스로 독감에 걸렸다고 생각하는 경우의 대다수에서 그는 실제로 독감에 걸리지 않았다. 일상 언어에서 (독일어와 영어에서 공히) 우리는 감기에 걸렸다는 말을 자주 하지만, 그 증상은 독감 바이러스와 무관하다.

예측의 토대를 이루는 데이터의 질이 나쁘면 데이터가 아무리 많더라도 예측은 완벽하지 않을 수 있다. 최초의 환희에 이어 이 같은 깨달음이 빅데이터 공동체에 확산되기 시작했다. 예컨대 페이스북 같은 사회연결망에 올린 글에서 추출한 데이터는 불명확하기로 악명이 높다.

물론 그런 데이터로부터 흥미로운 경향을 읽어낼 수 없다는 뜻은 아니다. 그러나 빅데이터와 알고리즘을 통한 예측이 기존 예측 방법들보다 더 우월하다는 자부심을 약간 줄이고 겸손한 태도를 강화하는 쪽이 어쩌면 적절할 것이다.

고객관리 프로그램에서는 단지 한숨이나 난감함을 유발할 뿐인 오류가 경찰 수사에서는 개인의 삶을 완전히 파괴할 수 있다. 우리가 이해할 수 없는 기준에 따라서 인간에 대한 판단을 내리는 예측 프로그램을 범죄 예방을 위해 활용해도 될까? 예를 들어 미국에서 흑인 남성 청소년은 범죄율이 평균보다 높은데 그 주된 원인은 사회적인 것이다. 경찰관이 피부색이나 기타 외견상의 특징들을 근거로 일부 사람들을 더 엄격하게 다루는 것을 의미하는 '인종 프로파일링racial profiling'은 법으로 금지되어 있다. (독일에는 이에 관한 명확한 법규가 없다.)

현재 뜨거운 논쟁거리는 미국 경찰의 노골적이면서도 은밀한 인종주의다. 만일 경찰 수사에 딥러닝 알고리즘을 도입한다면 그 알고리즘은 현재 수사와 체포의 관행에서 만연한 차별을 더 심화하기만 할까, 아니면 인간 경찰관보다 더 객관적이고 선입견 없이 직무를 수행할까? 혹시 그 알고리즘은 '검은 피부'라는 기준을 은밀히 채택하여 흑인을 차별하지 않을까? 신경망은 명시적인 추론 규칙들을 학습하지 않기 때문에 신경망이 차별금지법에 반하는 판단을 내린다는 것을 입증하기는 어려울 것이다. 미국 판례에 따르면 심지어 인종적 특징을 간접적으로 활용하는 것(이를테면 거주 지역을 판단의 기준으로 삼는 것)도 차별에 해당한다. 그런 차별을 일컬어 '불평등 효과disparate impact'라고 한다 (255쪽 참조).

금융 분야에서의 예측 분석도 예측 치안과 유사하게 민감한 사안이다. 나는 이미 신용카드 도용이 의심될 때 경보를 발령하는 알고리즘을 언급한 바 있다. 실제로 신용카드 회사들은 이 분야에 이미 인공지능과 딥러닝을 적용하고 있다. 반면에 고객 각각에게 그의 신뢰성을 나타내는 숫자를 부여하는 이른바 신용평가에서는 알고리즘의 활용이 그 정도로 본격화하지 않았다. 이와 관련해서 나는 파이코FICO 사에서 분석팀장으로 일하는 게르하르트 파너와 대화를 나눴다. 그 회사가 매기는 신용평점인 파이코 스코어^{FICO Score}가 미국에서 하는 역할은 독일에서 슈파 정보^{Schufa-Auskunft} (독일 신용평가회사 슈파^{Schufa}가 제공하는 정보—옮긴이)가 하는 역할과 같다.

파너에 따르면 새로운 인공지능 시스템이 아직 신용평가에 도입되지 않은 것에는 그럴 만한 이유가 있다. "신용평가 시스템이 '당신은 우리 은행에서 대출을 받을 수 없습니다'라는 판단을 내린다면 그 시스템은 그 판단의 이유도 설명할 수 있어야 합니다. 이 때문에 블랙박스처럼 작동하는 인공지능에게 신용평가를 맡기는 것은 불가능해요." 인공지능을 갖추지 않은 신용평가 알고리즘도 국가기관의 허가를 받아야 한다. 미국에서는 종교, 피부색, 성별, 거주 지역 등을 신용평가의 고려 항목으로 삼는 것이 금지되어 있다(독일에서도 유사하다). "신용평점은 오직 개인에게 책임이 있는 사안들에만 좌우되어야 합니다." 그리고 실제로 그러하다는 것을 입증할 수 있으려면 반드시 신용평가 알고리즘의 규칙들이 명시되어 있어야 한다.

하지만 내가 대출을 받아서 집을 살 수 있는지 여부를 알고리즘이 판단한다는 것은 심지어 신용평가 알고리즘 개발자에게도 때로는 으스스한 일이 아닐까? "맞아요, 양날의 칼이에요." 파너가 수긍한다. "하지만 당신의 대출을 허용할지 여부를 친절한 은행원이 판단하던 시절로 되돌아가더라도 '저 사람이 어떤 선입견을 갖고 있지는 않을까?'라는 질문이 나올 수밖에 없을 거예요."

배후에서 작동하면서 우리의 삶을 결정하는 이 알고리즘들은 항상 과거 사건에 근거를 두고 예측을 내놓는다. 예컨대 알고리즘은 나의 최근 납세 내역을 보고 대출 여부를 결정하는데 그 내역은 내가 작년이나 재작년에 얼마나 많은 돈을 벌었는지 알려줄 뿐이다. "빅데이터는 구식 사업 관행을 은폐하는 연막에 불과하다는 말을 많은 사람들이 합니다"라고 파너는 말한다. 과거를 근거로 현재와 미래를 추론하는 예측 분석은 모든 것이 변함없이 유지된다는 전제를 채택한 셈이다. 그러나 사람들은 변화한다. 생활형편은 일정하게 유지되지 않으며 취향도 바뀐다. 그렇다면 알고리즘이 놀랄 만한 것을 가끔 제공하는 것도 괜찮지 않을까? (추천 시스템을 다루는 장에서 보았듯이 알고리즘은 그런 뜻밖의 결과를 내놓는 일에 능숙하지 않다.) 소비성향 예측뿐 아니라 엄혹한 금융사업에서도 알고리즘은 자신이 어떤 연유로 특정한 결정을 내리고 추천을 했는지를 공개적으로 투명하게 밝히고 설명해야 한다고 파너는 주장한다. "때때로 고객에게 이렇게 물어야 한다고 생각합니다." 게르하르트 파너는 말한다. "'당신은 알고리즘의 제안이 마음에 드시나요? 저희 회사가 이런 제안을 중단해야 할까요?'라고 말입니다."

이해심 많고 개방적인 알고리즘들이 작동하는 아름다운 신세계는 현실에서 아직 도래하지 않았다. 미국 슈퍼마켓 타깃은 자사의 알고리즘이 임신부로 판정한 고객들에게 그 사실을 알리고 임신부에게 필요한 상품으로 가득 찬 광고책자를 보내는 짓을 절대로 하지 않을 것이다. 그러면 그 여성들이 곧바로 '이 회사가 어떻게 알았지?'라고 묻게 될 테니까 말이다. 오히려 유통회사들은 다른 상품들 사이에 임신부용 상품을 슬쩍 끼워서 광고할 것이다. 마치 후자가 우연히 삽입된 것처럼 보이도록 말이다.

예측 분석은 미래를 다룰 때조차도 단지 미리 내다보는 것만을 목표로 삼지 않는다. 예측 분석에 관한 책을 쓴 에릭 시겔에 따르면 "예측 분석은 미래를 내다보는 것을 가능케 할 뿐 아니라 개인들의 결정에 영향을 미침으로써 미래에 영향을 미치는 것도 가능케 한다." 한 가지 예로 2012년 미국 대통령 선거에서 버락 오바마 캠프의 분석 팀은 승리에 결정적으로 기여했다. "[성공한 통계학자] 네이트 실버는 선거 결과 예측에 중점을 두었지만 오바마 팀은 선거 승리에 중점을 두었다."

과거의 선거전은 무차별 원칙에 따라 똑같은 선거 광고 방송을 최대한 많은 대중에게 보여주고 시내를 벽보와 펼침막으로 뒤덮는 방식으로 진행되었지만 예측 분석은 유권자들에게 개별적으로 접근할 수 있게 해준다. 막대한 자금을 보유한 미국의 선거 전략가들도 이런 질문을 던질 수밖에 없다. 캠프가 단돈 1달러를 지출할 때에도 최대의 효과가 나야 하는데 어떻게 하면 그렇게 될까? 부동층을 우리 편으로 끌어들이려면 어느 시점에 어떤 뉴스를 그들에게 보내야 할까? 열성 지지자들을 어떻게 동원해야 그들의 친구와 이웃의 표까지 얻을 수 있을까? 오바마 팀은 매우 효과적인 기부 캠페인에서 시작하여 여러 '스윙 스테이트'(미국에서 정치적 성향이 유동적인 주들—옮긴이)에서 실시한 표적 광고를 거쳐 개별 활동가 관리에 이르기까지 꼼꼼하게 선거전을 진행했다. 오바마 지지자들은 스마트폰에 설치한 앱을 이용하여 페이스북 친구들 가운데 컴퓨터가 선정한 사람들에게 클릭 한번으로 뉴스를 보낼 수 있었다. 그런 뉴스를 받은 사람 다섯 명 중 한 명이 그 뉴스에 반응했다. 전통적인 선거 광고에서는 이런 꿈의 효율을 기대할 수 없다.

예측 알고리즘은 이미 우리의 삶에 깊숙이 들어와 있다. 우리는 그 사실을 전혀 모르더라도 말이다. 콜센터에 전화를 걸면 "통화 내용은 교육용으로 녹음될 수 있습니다"라는 말을 듣게 되는 경우가 있다. 그럴 때 "교육용"이란 화난 고객과 차분한 고객을 구별하고 그에 맞게 전화를 연결하는 법을 알고리즘에게 학습시키기 위한 용도라는 의미일 경우가 많다. 전 세계의 소셜미디어를 샅샅이 훑어보는 일을 전문적으로 하는 회사들이 있고, 정치인들은 2011년 아랍의 봄과 같은(거의 아무도 예상하지 못한) 반란이 어딘가에서 일어날 조짐이 있는지 살피는 일을 그런 회사에 의뢰할 수 있다. 미래에는 직원 채용 과정에서 1차 선발을 컴퓨터가 맡고 인사담당자들은 컴퓨터가 선발한 구직자들을 더 자세히 살피는 일만 맡는 경우가 많아질 것이다.

또한 미래에는 적어도 온라인에서는 광고가 우연히 우리에게 도달하는 경우가 거의 없어질 것이다. 우리가 받는 온라인 광고는 사실상 모두 알고리즘이 우리에게 적합하다고 선별한 것이다. 때때로 우리는 알고리즘의 명백한 실수를 비웃는다. 인터넷은 내가 지난주에 구매해서 이제는 구매할 생각이 없는 상품의 광고를 끊임없이 보여준다. 그런 식으로 잘못 배달된 광고로 인한 손실은 당연히 미래에도 존재할 것이다. 하지만 광고주의 목표가 반드시 완벽한 개인 맞춤형 광고여야 하는 것은 아니다. 예측 분석 전문가 에릭 시겔은 이렇게 말한다. "예측 분석은 그렇게 정확한 예측을 내놓을 필요가 전혀 없기 때문에 매우 가치가 높다… 예측은 어림짐작보다 더 나으며 마케팅, 신용카드 도용 적발, 경찰 수사 등에서 많은 경우에 전반적으로 더 영리하게 행동하기 위한 충분조건이다. 약간의 예측만 가능해도 꽤 많은 이득을 얻을 수 있다."

7장

투자:
시장을 지배하는 알고리즘

한 개인이 세계경제를 파탄 직전으로 몰아갈 수 있을까? 그것도 대형 투자회사들과 아무 관련 없이 런던 근교 하운슬로우에 위치한 자기 부모의 집에서 컴퓨터 앞에 앉아 세계 곳곳의 증권을 매매하는 거래자가? 미국 법무부의 기소 내용이 옳다면, 나빈더 싱 사라오는 바로 그런 위험천만한 짓을 한 개인 거래자다. 검사 측의 주장에 따르면 사라오는 2010년에 이른바 '플래시 크래시flash crash'를 발생시킨 책임이 있다. 사라오는 가장 경험많은 거래자들의 등골마저 서늘하게 만들었던 그 사건으로부터 5년 뒤인 2015년 4월 21일에 체포되었다.

2010년 5월 6일, 미국 증권거래소들의 상황은 개장 때부터 그리 좋지 않았다. 유럽에서는 그리스 원조 계획을 둘러싼 싸움이 또 다시 벌어졌고 정오가 되었을 때 다우존스지수는 이미 전일 대비 300포인트

아래에서 맴돌았다. 비율로 따지면 3퍼센트 하락한 것이었다. 14시 32분, 다우존스지수가 갑자기 급락하기 시작했다. 이어진 30분 동안 지수는 개장 때보다 1000포인트 가까이 하락했다. 그것은 증권 거래 역사를 통틀어 두 번째로 큰 요동이었다.

그러나 주가가 곧장 곤두박질친 것은 아니었다. 주가는 경련하듯 오르내리며 모든 전문가의 헛웃음을 자아낼 만한 값들을 찍었다. 평소에 20달러를 넘었던 경영컨설팅회사 액센츄어 Accenture 의 주가는 갑자기 1센트로 공시되었다. 애플의 주가는 36달러에서 10만 달러로 급등했다. 주식과 파생상품이 (컴퓨터 알고리즘이 공황에 빠진다는 표현이 허용된다면) 공황발작처럼 투매되었다. 36분 만에 주식소유자들은 약 1조 달러를 잃었다. 이어서 시장이 회복되기 시작했다. 주가는 떨어질 때와 똑같이 급격하게 다시 상승했다. 폐장 시점에 다우존스지수는 전일 대비 3퍼센트 하락한 값이었다.

대체 어떤 일이 벌어진 것일까? 처음에는 아무도 몰랐다. 거의 5년이 지나서야 당국이 혐의자를 지목했다는 사실은 시장 감독자들이 얼마나 무능한지를 여실히 보여준다. 그들은 여러 시장에 나온 무수한 매수 및 매도 주문을 일일이 살펴보아야 했다. 그러는 사이에 한 대형 주식펀드가 선물옵션을 (합법적으로) 대량 매도하여 주가 급락 사태를 일으켰다는 의심을 받았다. 그러나 검사들은 보잘것없는 영국 거래자 한 명에 관심을 집중했다.

사라오는 사기와 시장 조작을 비롯한 22건의 범죄 혐의로 기소되었다. 가장 중요한 혐의는 이른바 스푸핑 spoofing 이었다. 스푸핑이란 거래자가 증권(사라오의 경우에는 파생상품)을 대량으로 매수하거나 매도하려는 것처럼 가장하는 행위를 뜻한다. 그렇게 가장한 다음에 거래자는 매매가 성사되기 전에 주문을 취소한다. 그의 목표는 시장에 신호를 보내 주가를 올리거나 낮춘 다음에 실제 매매를 통해 이익을 챙기는 것이다.

사라오는 이른바 E-mini S&P 증권을 대량으로 매도하려는 것처럼 가장했다. 그것은 시세가 하락한다는 쪽에 2억 달러를 거는 것과 같았다. 증권을 자동으로 거래하는 컴퓨터 프로그램들은 이를 매도 신호로 받아들이고 실제로 증권을 매도하기 시작했다. 처음에는 주식인수권이 매도되었지만 나중에는 실제 주식도 매도되었다. 시세 하락이 급격했기 때문에 매도 물량은 점점 더 늘어났다. 증권 거래 프로그램들은 마치 뜨거운 감자를 타인에게 넘기듯이 증권을 다른 거래자에게 넘기는 데 급급했다. 어떤 알고리즘도 증권을 보유하려 하지 않았다.

당국에 따르면 사라오는 그 30분 동안 미친 듯이 쏟아진 매도 주문 전체의 5분의 1을 유발한 책임이 있었다. 그는 그날의 범법 행위를 통해 (미국에서 스푸핑은 법으로 금지되어 있다) 4000만 달러를 벌었다고 한다.

2010년의 플래시 크래시는 자동 증권 거래가 엄청난 시가 요동을 유발할 수 있음을 보여주는 극단적인 예다. 하지만 동시에 그 사건은 여러 예들 중 하나일 뿐이다. 때로는 개별 주식의 값만 요동친다. 2014년 12월 1일, 애플 주주들은 설명할 수 없는 주가 급락으로 몇 분 만에 400억 달러를 잃었다. 훗날 나이트메어 Knightmare로 명명된 또 다른 사례도 있다. 금융서비스 회사 나이트캐피털 Knight Capital의 한 알고리즘은 정상적인 상태라면 2012년 8월 1일 아침에 작동하지 않아야 했다. 그러나 그때 그 알고리즘이 작동하기 시작하여 뉴욕 증시에서 매수 가능한 모든 주식을 미친 듯이 사들였다. 그 알고리즘은 모든 경쟁자를 따돌리고 순식간에 거래액 70억 달러를 기록했다. 프로그래머들은 오류를 찾아내기 위해 진땀을 흘리다가 45분 만에 문제를 발견했지만 그때 이미 회사는 4억 4000만 달러를 잃은 뒤였다. 그 손실은 회사 시장 가치의 40퍼센트에 해당했다. 결국 나이트캐피털은 경쟁업체 게트코 Getco에 인수되었다.

한때 증권시장은 회사와 자본가의 만남을 주선하는 중개소였지만 지금은 인간 투기꾼들의 놀이터로 전락했다. 1987년 작 영화 〈월스트리트〉에 나오는 증권거래자 고든 게코는 어쩌면 그러한 증권시장의 상황을 가장 잘 보여주는 인물일 것이다. 1980년대에 증권거래자들은 이른바 '퀀트quant'(금융시장분석가)들에게 자리를 내주었다. 퀀트란 자동거래 알고리즘을 작성하는 정보학자, 수학자, 물리학자를 일컫는다. 스나이퍼Sniper, 게릴라Guerilla, 스텔스Stealth, 카멜레온Chameleon 등으로 불리는 그 알고리즘들은 인간이 입력한 규칙을 따르지만 자동으로, 눈 깜짝할 사이에 거래를 해치운다. 또한 그 알고리즘들은 대부분의 경우에 자기들끼리 거래한다. 따라서 작은 효과들이 인간이 개입할 새도 없이 순식간에 누적되어 거대한 너울을 일으킬 수 있다.

증권시장에서 알고리즘 거래의 비중이 얼마나 큰지는 알려져 있지 않다. 인간이 낸 것이건 알고리즘이 낸 것이든 상관없이 모든 주문은 컴퓨터를 통해 들어오기 때문에 알고리즘 거래의 비중을 알아내기는 어렵다. 그러나 유럽과 미국 증시에서 그 비중은 50퍼센트에서 70퍼센트 사이로 추정된다. 재빠른 알고리즘들은 푼돈의 이익이라도 챙기기 위해 끊임없이 증권을 사고판다. 금융자문회사 LPL 파이낸셜에 따르면 오늘날 한 주식이 한 소유자의 손에 머무는 기간은 평균 5일에 불

과하다. 50년 전에 그 기간은 8년이었다.

　그러나 한 걸음 물러나서 차분히 따져보자. 알고리즘을 통한 자동거래는 흔히 (이 장에서 나중에 설명할) 고빈도매매와 동일시된다. 그러나 양자는 구분되어야 한다. 알고리즘 거래는 투기성 없이 아주 느리게 작동할 수도 있다. 실제로 최초의 알고리즘 거래가 그랬다. 알고리즘 거래의 속도가 점점 더 빨라진 것은 번개처럼 빠른 증권 매매를 가능케 하는 기술이 나온 이후에 일어난 일이다.

　자동 거래 알고리즘을 증권시장에 투입할 수 있으려면 기술적 전제조건과 더불어 무엇보다도 규칙이 필요하다. 개발자들은 기존 데이터, 곧 과거의 장기 및 단기 증권시세에 기초하여 명료한 지침을 도출해야 한다. 이를테면 'A 증권을 x만큼 사라', 'B 증권을 y만큼 팔아라' 같은 형태로 말이다. 어떻게 그런 규칙을 도출할 수 있을까? 증권시장은 자연법칙처럼 정확한 법칙을 따르지 않으므로 그 규칙은 결국 증권업자들이 경험으로 터득한 규칙을 컴퓨터코드로 변환한 것일 따름이다. 다만 컴퓨터는 수학적으로 형식화된 그 규칙을 어떤 인간 거래자보다도 훨씬 더 정확하고 신속하게 실행할 수 있다.

　대다수의 평범한 사람이 주식을 살 때 품는 희망은 그 주식의 값이 올라서 미래에 짭짤한 투자 이익을 얻게 되는 것이다. 과거에 그 희망은 투자자가 긴 호흡으로 기다릴 경우 평균적으로 실현되었다. 예컨대 지난 10년 동안 독일 주가지수 닥스DAX는 108퍼센트 상승했다. 이는 매년 7.5퍼센트 상승한 것과 같다. 2008년 국제금융위기에도 불구하고 이만큼 상승했다는 점을 주목하라! 반면에 증권시장에서 투기로 돈을 벌고자 하는 거래자가 노리는 것은 일반적인 주가 상승이 아니다. (적어도 그것만 노리지는 않는다.) 그런 투기적 거래자의 엔진을 가동시키는 연료는 장기 투자자들이 싫어하는 시세 요동이다. 그의 좌우명은 '쌀 때 사서 비쌀 때 팔아라!'다. 그러므로 그는 시세가 하락할 때에도 이익을 얻을 수 있다. 그는 항상 추세를 탐색하고 이용하여 돈을 벌려 한다. 한 예로 지난 10년 동안 지멘스(독일 전기전자 회사—옮긴이)의 주가가 어떻게 변화했는지 살펴보자.

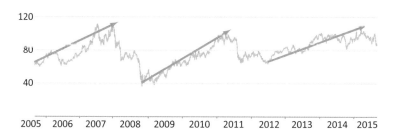

최종 주가는 그리 괄목할 만하지 않다. 2005년 9월에 61.65유로였던 지멘스 주식은 2015년 9월에 86.55유로에 거래되었다. 주가 상승은 40.4퍼센트, 연간 상승률로 따지면 매년 3.5퍼센트다. 그러나 지멘스 주가는 그 10년 동안 상당히 큰 상승과 하락을 겪었다. "지나고 나서 하는 말은 항상 더 지혜롭다"라는 격언을 상기하면서 솜씨 좋은 거래자라면 주가가 이렇게 변화하는 동안 무엇을 할 수 있었을지 생각해보자.

위 그래프를 보면 상승 구간 3개가 있고 각각의 상승 구간에 이어 하락 구간이 뒤따른다. 만약에 누군가가 아주 차분하게 지멘스 주식 한 주를 상대적으로 쌀 때 사서 비쌀 때 팔기를 세 번 거듭했다면, 그는 결국 150유로가 넘는 이득을 보았을 것이다. 이는 수익률 246퍼센트로, 그 주식을 계속 보유한 보수적 투자자의 수익률보다 6배 높다.

조금 더 과장해서 항상 내일 주가를 미리 아는 초능력 거래자를 상상해보자. 내일 주가가 오늘보다 높으면 그는 주식을 사거나 보유한다. 내일 주가가 오늘보다 낮으면 그는 보유한 주식을 팔거나 매수를 뒤로 미룬다. 이 거래자는 지난 10년 동안 지멘스 주식 한 주를 680회 매수하고 680회 매도했을 것이다. 그리고 그 부지런한 매매의 대가로 1200유로가 넘는 이익을 거뒀을 것이다. 수익률로 따지면 2000퍼센트가 넘는다!

주식을 거래해본 독자는 알겠지만 이 예는 두 가지 점에서 현실과 어긋난다. 원리적으로, 미래는 우리에게 미지의 영역이다. 또한 이 예는 거래 비용을 감안하지 않는다. 실제 주식 매수나 매도에서는 매번 수수료가 나가기 때문에 이익이 체감될 정도로 줄어든다. 하지만 위 계산에서 볼 수 있듯이 주가의 등락 속에는 잠재적인 이익이 들어 있다. 설령 주가가 유난히 상승하는 시기가 전혀 아닐지라도 말이다. 물론 주가의 변동 추세를 옳게 예측해야 한다는 것이 수익의 전제조건이다.

주가가 그리는 톱니 모양의 곡선에서 일반적인 추세를 추출하려면 어떻게 해야 할까? 한 가지 방법은 이른바 주가의 '이동 평균 moving average'을 보는 것이다. "잡음이 섞인" 데이터 계열을 고찰할 때 이동 평균은 항상 유용한 수단이다. 예컨대 당신이 매일 아침 몸무게를 잰다면 측정값이 상당히 들쭉날쭉할 것이다. 그런 요동의 원인은 예컨대 수분 섭취량에 따라서 몸무게가 꽤 달라지는 것에 있다. 또한 저렴한 가정용 체중계가 그리 정밀하지 않아서 때에 따라 실제보다 더 크거나 작은 측정값이 나오는 것도 한 원인이다. 이 경우에 지난 한 주 동안의 측정값 7개를 평균하는 방식으로 얻은 평균값들로 곡선을 그리면 더 매끄러운 곡선이 나온다. 그 곡선은 추세를 더 명확하게 보여준다. 아래 곡선은 지난여름에 내가 몸무게가 약간 늘었다고 느꼈을 때 한 달 반 동안 매일 측정하여 얻은 데이터다.

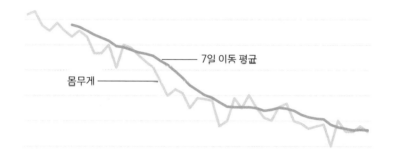

보다시피 이동 평균 곡선은 원래의 몸무게 측정값 곡선보다 더 매끄러우며 하향 추세를 명확하게 보여준다. 또한 이동 평균 곡선은 거의 항상 실제 측정값보다 위에 위치한다. 이것은 하향 추세에서 일반적으로 나타나는 현상이다. 왜냐하면 그 곡선이 보여주는 이동 평균은 과거 측정값들의 평균인데, 하향 추세에서는 그 값들이 현재 측정값보다 거의 항상 더 높기 때문이다.

증권 전문가들도 이동 평균을 살핀다. 그런데 그들이 주목하는 것은 대개 1주일보다 더 긴 기간, 예를 들면 50거래일, 혹은 심지어 200거래일의 이동 평균이다. 이동 평균 계산에서 고려하는 거래일의 수가 늘어날수록 이동 평균 곡선은 더 매끄러워지지만 또한 더 굼떠진다. 아래의 곡선은 지멘스 주가의 200거래일 이동 평균을 보여준다. 전문가들은 200거래일 이동 평균을 특히 선호한다.

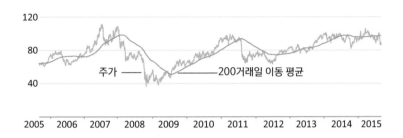

이동 평균 곡선은 주가 상승 구간과 하락 구간을 명확하게 보여준
다. 하지만 이 곡선이 실제 주가 변동을 여러 달 늦게 반영한다는 점도
확연히 눈에 띈다. 매수 주문을 내거나 매도 결정을 내릴 때 이 곡선을
이용할 수 있을까? 이 곡선을 토대로 매매 알고리즘을 개발하여 높은
수익을 올릴 수 있을까?

시험 삼아 이런 규칙을 생각해보자. '200거래일 평균이 최저점에 도
달했을 때 주식을 매수하고 최고점에 도달했을 때 매도하라.' 이 규칙
의 문제점은 우리가 살펴볼 수 있는 것은 과거뿐이어서 실제 주가보다
더 매끄러운 이동 평균 곡선에서도 최고점이 정말로 최고점인지를 몇
주가 지나야 비로소 알 수 있다는 점이다. 따라서 이 규칙대로 주식을
매매하면 주가 변동에 대한 대응이 더 굼떠질 것이다. 따라서 사람들
은 다른 신호를 추세 전환의 징후로 간주한다.

- 평균 곡선 아래에 있던 주가 곡선이 위로 올라오면서 두 곡선이 교차할
  때 주식을 매수하라!

– 평균 곡선 위에 있던 주가 곡선이 아래로 내려가면서 두 곡선이 교차할
　때, 주식을 매도하라!

　지멘스 주식 보유자가 지난 10년 동안 이 간단한 규칙대로 주식을
매매했다면 39회 매수하고 39회 매도했을 것이다. 또한 2008년 금융
위기를 상당히 무난하게 넘겼을 것이다. 왜냐하면 그는 주가가 여전히
높을 때 주식을 팔아치웠을 것이기 때문이다. 또한 다시 상승 구간에
이르렀을 때 그는 대부분의 시간 동안 주식을 보유했을 것이다. 그리
하여 이 단순한 전략 덕분에 그는 73퍼센트에 가까운 수익률을 올렸을
것이다. 이 수익률은 같은 시기의 지멘스 주가 상승률 40.4퍼센트보다
훨씬 더 높다.

　그러나 이 수익의 상당 부분은 숱한 매수와 매도에 든 거래비용으로
나갔을 것이다. 매회 거래에서 거래액의 1퍼센트를 수수료로 냈다면,
결국 그는 오히려 손해를 보았을 것이다. 게다가 대다수의 거래는 수익
을 창출하지 못했을 것이다. 특히 주가가 "옆걸음" 칠 때, 곧 상승 추세
나 하강 추세가 명확하지 않을 때는 추세 곡선과 주가 곡선이 지속적
으로 교차한다. 그럴 때 위 규칙에 따라 매매한다면 미친 듯이 분주하
게 매매하면서 아무 소득도 얻지 못할 것이다.

　따라서 실제로 성공할 만한 알고리즘은 이 단순한 규칙보다 조금
더 복잡해야 한다. 정신없이 분주한 거래를 막으려면, 예컨대 200거래
일 평균을 일일 주가 대신에 50거래일 평균과 비교할 수 있다. 또한 거
래자들은 다른 많은 수치들을 매수나 매도의 신호로 이용한다. 그리
고 당연히 그들은 주가뿐 아니라 현실 세계도 살펴본다. 이 회사의 실

적은 어떠한가? 이 회사에 대해서 신문에 어떤 기사가 실렸나? 요즘은 기업 관련 기사들의 상당 부분이 알고리즘에 의해 작성된다. 스포츠 기사와 마찬가지로 경제 기사도 대부분의 경우에 회사와 수치를 연결하여 간단한 문장을 구성하는 능력만 있으면 쓸 수 있다. "A사는 ○월 ○일 ○에서 개최한 주주총회에서 ○○○○년도 영업실적을 보고했다. 영업 이익은 ○○○, 주주들이 받게 되는 배당금은 ○○○다." 이런 기사는 오늘날 알고리즘이 작성할 수 있다. 문장에서 수치를 추출하여 독자적인 판단의 기초로 삼을 수 있는 알고리즘도 있다.

지금까지 우리는 주식 매수와 매도만 거론했지만 주식 선물거래와 공매도도 중요한 거래 행위다. 공매도란 주가가 높을 때 주식을 "빌렸다가" 낮을 때 되갚는 것을 말한다. 궁극적으로 공매도는 주가가 하락 추세일 때 수익을 올리기 위해서 하는 거래다. 최신 알고리즘은 이 모든 거래를 몇 초 안에 실행할 수 있다. 개발자들의 이상은 시세가 상승하든 하락하든 상관없이 안정적으로 수익을 내는 알고리즘이다.

이와 관련해서 짚어보아야 할 키워드로 '고빈도매매high frequency trading'라는 것이 있다. 고빈도매매를 담당하는 빠른 알고리즘들은 대개 주가 추세를 예견하지 않으며 위험risk을 기피하는 편이다. 대신에 그 알고리즘들은 주식 시장의 미세한 비일관성을 이용해서 수익을 올리려 한다. 예를 들어 증권거래소 두 곳에서 주가가 정확히 동시에 공시되지 않고 미세한 시차를 두고 공시된다고 해보자. 충분히 빠른 알고리즘만 있다면 그 시차를 이용한 주식 재정 거래로 위험 없이 수익을 올릴 수 있다. 이런 미세한 주가 차이는 흔히 1초도 안 되는 시간 동안만 존속한다. 이 때문에 고빈도매매 담당자들은 대단한 속도광이다. 통상적인 속도는 그들에게 너무 느리다. 그들은 자기 컴퓨터를 증권거래소에서 아주 가까운 곳에 설치하거나 아예 증권거래소 안에 설치한다. 증권거래소는 상당한 임대료를 받고 그들에게 자리를 내준다.

증권거래소 두 곳, 이를테면 뉴욕 증권거래소와 시카고 증권거래소 사이의 통신을 위해서는 신뢰할 수 있는 전용 통신선을 확보하는 편이 좋다. 통신회사 스프레드 네트웍스 Spread Networks는 2010년에 그 두 도시를 잇는 광통신선을 설치했다. 길이가 1331킬로미터인 그 통신선은 산을 관통하기까지 하면서 최대한 직선으로 뻗어 있다. 우회로로 가야 한다면 빛조차도 너무 느릴 수 있기 때문이다. 그 통신선을 설치하는 데 수백만 달러가 들었지만 꽤 많은 회사들이 그 통신선을 쓰기 위해 높은 사용료를 내는 것으로 보인다. 현재는 대서양을 가로질러 런던과 뉴욕을 잇는 통신선이 설치되는 중이다. 오직 고빈도매매만을 위한 그 통신선은 통신 시간을 1000분의 6초 단축할 것이다. 정보통신 전문 웹진 〈인포메이션 워크 InformationWeek〉에 따르면 1000분의 1초 단축은 연간 1억 달러의 수익을 의미한다.

고빈도매매를 위한 알고리즘은 번개처럼 빠르게 반응해야 하므로 대개 그다지 복잡하지 않다. 복잡성은 많은 알고리즘이 시장에서 북적거리며 서로 거래하기 때문에 발생한다. 그리고 그 알고리즘들이 하나같이 유사한 논리에 따라 특정 증권을 매도하려 하면 눈사태와 같은 주가폭락이 발생할 수 있다. 그럴 때 인간 거래자는 주가 변화에 무언가 문제가 있다는 점을 일찌감치 깨닫지만 컴퓨터는 그 변화를 이용하여 이익을 챙기겠다는 희망으로 거래를 계속한다. 이 문제를 확실히 해결할 방법을 아는 사람은 아무도 없다.

한 주식의 가격이 붕괴할 조짐이 보이면 거래를 중단시키는 제도적 장치를 마련하면 어떨까? 일부에서 논의되는 킬 스위치^{kill switch}는 주가 변동이 정해진 범위를 벗어나면 곧바로 거래를 막는 조치를 의미한다. 또한 증권 보유 시간의 하한선을 도입하여 고빈도매매의 속도를 늦추는 방안도 생각해볼 수 있다. 그러나 증권시장과 정부는 이런 규제의 도입을 매우 꺼린다. 왜냐하면 매정한 국제 자본이 규제가 더 적은 다른 놀이터로 이동할까봐 늘 걱정하기 때문이다.

증권시장에 대한 비판은 흔히 고빈도 매매를 희생양으로 삼는다. 어쩌면 고빈도매매가 현대 자본주의를 상징하기에 매우 적합하기 때문일 것이다. 증권시장에서 투기를 하기에 충분할 만큼의 자본을 가진 사람은 그저 단추 하나만 누르면 투입한 돈을 순식간에 여러 배로 불릴 수 있는 것처럼 보이니까 말이다. 고빈도매매를 제한해야 한다는 정치적 요구는 좌파 정치인들의 단골 구호다. 그 구호에 묻혀서 흔히 간과되는 사실은 컴퓨터가 다른 한편으로는 증권 거래를 민주화했다는 점이다. 이제 인터넷과 연결된 컴퓨터를 가진 사람이라면 누구나 증권시장에 접근할 수 있고 거래 수수료는 과거에 인간 중개인이 받던 금액보다 훨씬 더 낮다.

알고리즘 거래는 주가의 변동성^{volatility}, 곧 주가가 돌발적으로 상승하고 하락하는 경향을 완화했으며 많은 전문가들에 따르면 증권시장을 오히려 안정화했다. 또한 고빈도매매자들의 거래량은 엄청날지 몰라도 그들이 거두는 이익은 다른 주식 사업들에 비하면 미미한 편이며 계속 감소하는 중이다. 퍼듀 대학교의 과학자들이 추정한 바에 따르면 미국 증시에서 고빈도매매의 수익은 2009년 50억 달러에서 2012년 12

억 달러로 줄었다.

그러므로 미래에 고빈도매매를 제한할 주체는 어쩌면 규제 담당자가 아닐 수도 있다. 오히려 고빈도매매 알고리즘 자체가 고빈도매매의 기반을 점점 더 허물게 될 것으로 보인다. 그 알고리즘들의 번개 같은 반응은 그것들을 통해 거두는 수익의 원천인 미세한 중간 이윤^{margin}을 점점 더 감소시킨다. 매도호가^{offered price}와 매수호가^{bid price}의 차이, 즉 스프레드 ^{spread}가 줄어들고 재정 거래 수익률이 감소하면 거래량을 점점 더 늘려야만 동일한 이익을 거둘 수 있다. 게다가 초고속 데이터 전송을 위한 군비경쟁의 비용이 증가하는 것까지 감안하면 수익률은 더 낮아진다. 전문가들의 추정에 따르면 고빈도매매의 규모는 최근 몇 년 동안 다시 줄어들었다.

하지만 알고리즘 거래의 시대가 저물고 증권중개인들이 다시 손팻말을 들고 소리를 질러야 하는 시대가 돌아오는 것은 아니다. 컴퓨터 프로그램은 앞으로도 증권거래의 상당 부분을 담당할 것이다. 그러나 어쩌면 속도는 덜 중요해지고 지능이 관건이 될지도 모른다. 금융계에서도 기계학습의 적용이 증가하는 중이다. 최신 프로그램은 증권시장 데이터에만 의존하는 것이 아니라 (흔히 다른 알고리즘이 작성한) 증권시장 뉴스도 참고한다. 프로그램은 유능하고 노련한 인간 거래자를 점점 더 닮아가고 있다. 경험적 지식과 어림규칙을 갖추고 "현실" 경제에 관한 뉴스에 기초하여 행동하는 거래자를 말이다. 다만 프로그램은 훨씬 더 많은 세부 지식을 갖추고 일말의 감정도 없이 거래한다. 이처럼 지능이 향상된 알고리즘이 새로운 플래시 크래시나 더 끔찍한 증시 파국의 위험을 줄여줄지 여부는 현재로서는 아무도 알 수 없다.

8장
암호화:
NSA와 RSA — 알고리즘과 프라이버시

현대 과학의 커다란 수수께끼들 중 하나는 이것이다. 외계인들은 어디에 있을까?

몇 년 전부터 우리 은하에서 새로운 외계행성^{exoplanet}이 하루가 멀다 하고 발견되고 있다. 외계행성이란 태양이 아닌 다른 별의 주위를 도는 행성을 말한다. 외계행성은 우리 은하에 수십억 개 있으며 그중에 최소 수백만 개는 생명이 발생할 만한 조건을 갖춘 행성이다. 그리고 생명이 발생하면 언젠가는 지적인 문명도 발생하여 그 주체들이 우주로 여행하고 전파로 통신할 것이 틀림없다고 대다수 과학자들은 믿는다. 그들이 송출한 전파 신호의 일부는 (우리에게 보낸 것인지 여부와 상관없이) 우리가 여기 지구에서 포착하고 이해할 수 있어야 마땅할 터이다. 이른바 '외계 지능 탐사^{Search for Extraterrestrial Intelligence, SETI}' 프로그램은 몇 십 년 전부터 그런 전파 신호에 귀를 기울여왔다. 하지만 지금까지는 어떤 신호도 포착되지 않았다. 우주는 침묵하는 중이다.

이 침묵을 여러 방식으로 해석할 수 있다. 우선, 외계 생명은 존재하지 않는다는 해석이 가능하다. 혹은 적어도 외계 기술 문명은 없다고 결론지을 수도 있을 것이다. 둘째, 외계 문명이 다른 문명과의 접촉에 관심이 없다는 해석도 가능하다. 셋째, 외계 문명이 우리가 아직 너무 미개해서 모르는 방식으로 통신한다고 해석할 수도 있다. 넷째, 모든 문명 각각이 우주의 역사에서 극히 짧은 시간 동안만 존속하기 때문에 동시에 두 문명이 존재할 개연성은 낮다는 결론을 내릴 수도 있을 것이다.

에드워드 스노든은 2015년 9월에 전혀 새로운 해석을 내놓았다. 그렇다, 미국 정보기관 NSA(국가안보국)의 도청을 폭로한 후 러시아에서 망명자로 살고 있는 바로 그 스노든이다. 그는 대중에게 인기가 높은 천체물리학자 닐 디그래스 타이슨이 진행하는 방송 프로그램에 로봇의 모습으로 출연했다. 그 로봇의 머리에 스크린이 달려 있었는데, 그 스크린 속 영상에 나타난 스노든은 이렇게 주장했다. 외계인들이 보내는 전파 신호는 당연히 있다. 그 신호는 우리의 안테나에서도 포착된다. 그러나 우리는 그 신호를 우연한 배경잡음과 구분하지 못한다. 왜냐하면 그 신호가 암호화되어 있기 때문이다. "외계인들의 통신이 매우 원시적이고 보안되지 않은 수단을 통해 이루어지는 때는 [외계 문명의] 발전 과정에서 짧은 기간뿐이다."

스노든의 말이 옳다면 우리가 사는 지금은 통신의 석기시대다. 우리가 매일 주고받는 메시지의 거의 전부는 최소한 정보기관들이 가로채서 읽을 수 있다. 스노든의 폭로로 드러난 바가 바로 이것이다. 그 폭로 이후 많은 이들은 자신의 이메일과 기타 메시지들을 암호화하는 것을 고려하기 시작했다. 암호화 기능은 앱과 프로그램에 점점 더 많이 내장되는 추세다. 과거에 우리가 내밀한 소식을 엽서가 아니라 밀봉한 편지로 보냈던 것처럼 우리는 전자우편도 부적절한 사람이 읽지 못하도록 보호할 수 있다.

인류는 수천 년 전부터 메시지를 암호화해왔다. 이미 어린 시절에 우리는 모든 철자를 알파벳 순서에서 특정한 자릿수만큼 떨어져 있는 다른 철자로 바꾸는 것과 같은 암호화 방법들을 배웠다. 독일어 문장 "Ich Liebe dich(나는 너를 사랑한다)"에서 모든 철자를 세 자리 뒤의 철자로 바꾸면 암호 "Lfk olheh glfk"가 만들어진다. 이 암호를 푸는 열쇠는 3이라는 수다. 수신자가 이 열쇠를 알면 암호 속의 모든 철자를 3자리 앞의 철자로 되돌림으로써 메시지를 명확하게 읽을 수 있다.

물론 이것은 암호화 방법으로서 그다지 정교하지 않다. 가능한 열쇠가 26개밖에 없고 암호화된 메시지를 수신한 사람은 그 열쇠들을 신속하게 시험해볼 수 있으니까 말이다. 인류는 이보다 훨씬 더 복잡한 암호화 방법들을 수백 년에 걸쳐서 개발했다. 독일군의 '이니그마'는 수학적으로 해독하기가 매우 어려운 암호의 한 예다. 그럼에도 결국 그 암호는 컴퓨터 기술의 개척자 앨런 튜링이 이끈 영국 팀에 의해 해독되었다.

약 40년 전까지만 해도 암호 통신을 하려는 두 사람은 반드시 비밀 열쇠를 알아야 했고 이를 위해 두 사람은 비밀열쇠를 더 안전한 통로로 주고받아야 했다. 이를테면 둘이 직접 만나서 암호를 정하는 식으로 말이다. 혹은 두 사람이 서로를 잘 안다면 오직 두 사람만 아는 정보에서 비밀열쇠를 도출할 수도 있다. 예를 들어 "우리가 1997년에 만났던 도시의 우편번호"를 비밀열쇠로 삼을 수 있을 것이다.

하지만 내가 상대방을 개인적으로 모를뿐더러 열쇠를 주고받을 더 안전한 통로도 없다면 어떻게 해야 할까? 예컨대 내가 온라인 쇼핑몰에 내 신용카드 번호를 전달하려 한다면 어떻게 해야 할까? 이것을 과거의 서신 교환에 빗대면 다음과 같은 질문에 해당한다. 어떻게 하면 내가 엽서에 써서 보내는 메시지를 수신자는 해독할 수 있지만 집배원이나 엽서를 입수한 정보요원은 해독할 수 없게 만들 수 있을까?

얼핏 생각하면 역설적인 결과를 바라는 것 같기도 하다. 한 사람이 해독할 수 있다면 다른 사람도 해독할 수 있는 것이 당연하지 않을까? 그러나 실제로 1977년에 세 명의 미국 과학자(마틴 헬먼, 휫필드 디피, 랠프 머클)가 최초의 '공개 열쇠 암호화 기술public-key cryptography'을 개발했다. 이 기술에서는 열쇠가 공개됨에도 불구하고 권한이 있는 사람만 암호문을 해독할 수 있다.

하지만 단 한 번의 메시지 전송만으로 공개 열쇠 암호 시스템이 작동하는 것은 아니다. 이해를 돕기 위해 쉬운 예를 보자. 앨리스는 밥에게 비밀 메시지를 전달하려 한다. 두 사람은 사악한 이브*가 중간에서 메시지를 가로챌 것을 염려한다. 그리하여 앨리스는 메시지를 적은 쪽

● 앨리스, 밥, 이브는 암호 기술에서 거의 항상 예로 언급되는 이름들이다. 앨리스와 밥은 통신하는 쌍방 A와 B를 대표하고 이브는 아마도 도청eavesdropping을 연상시키는 이름이어서 선택된 듯하다.

지를 상자 안에 넣고 자물쇠로 잠근다. 설령 이브가 그 상자를 입수하더라도 이브는 상자를 열 수 없다. 하지만 상자를 받은 밥도 그것을 열 수 없다. 그래서 그는 상자를 두 번째 자물쇠로 잠근 후에 다시 앨리스에게 보낸다. 앨리스는 자기 자물쇠를 풀어서 제거한 다음에 상자를 다시 밥에게 보낸다. 그러면 밥은 자기 자물쇠를 풀고 상자를 열어 메시지를 읽는다. 이 과정에서 이브는 상자를 열 기회가 없다. 왜냐하면 상자에 적어도 한 개의 자물쇠가 늘 채워져 있고 열쇠는 앨리스와 밥의 집에 안전하게 보관되어 있기 때문이다.

'디피-헬먼 열쇠 교환 방법Diffie–Hellman key exchange'에서는 암호 해독 열쇠의 일부가 공개적으로 교환된다. 그러나 열쇠 전체가 공개적으로 교환되는 일은 전혀 없다. 이 방법을 설명하기 위해 비유를 들겠다. 이 비유에서는 페인트가 열쇠 역할을 한다. 그 페인트는 특정한 제조법에 따라 여러 기본 색들을 혼합해서 만든다. 이를테면 빨강, 노랑, 파랑, 하양을 섞어서 만든다고 해보자. 기본 색들을 혼합하는 일은 아주 쉽다. 그러나 혼합 페인트에 어떤 기본 색이 얼마나 들어 있는지 알아내는 일은 사실상 불가능하다. 따라서 앨리스와 밥은 똑같은 페인트를 한 동이씩 가지는 반면에 이브는 가지지 못하는 상황을 만들어내면 그 페인트를 암호 통신의 열쇠로 활용할 수 있다.

디피-헬먼 열쇠 교환의 출발점은 통신할 쌍방이 기본 색들을 혼합하여 '개인 페인트'를 만드는 것이다. 예컨대 앨리스는 빨강과 하양을 섞어서 예쁜 분홍 페인트를 만들고, 밥은 다량의 노란색과 소량의 파랑색을 섞어서 밝은 녹색 페인트를 만든다. 이 개인 페인트들은 통신 과정 내내 공개되지 않고 앨리스와 밥의 집에 머문다.

다음 단계는 앨리스가 밥에게 '공개 페인트' 제조법을 보내는 것이다. 예컨대 빨강과 노랑을 일대일 비율로 섞어서 오렌지색 페인트를 만드는 방법을 말이다. 앨리스가 밥에게 직접 오렌지색 페인트를 보낼 수도 있겠지만, 이 경우에는 제조법만 보내도 충분하다. 밥은 그 혼합 페인트를 스스로 제조할 수 있다. 만일 이브가 앨리스의 메시지를 도청했다면 당연히 이브도 그 페인트를 제조할 수 있다. 그렇다면 결국 앨리스, 밥, 이브가 모두 공개 페인트를 한 동이씩 가지게 된다.

이제 앨리스와 밥은 각자 자신의 개인 페인트와 공개 페인트를 혼합하여 새로운 페인트를 만든다. 즉, 앨리스는 분홍색 페인트와 오렌지색 페인트를 섞어서 연어의 살색과 비슷한 페인트를 만든다. 밥은 녹색 페인트와 오렌지색 페인트를 섞어서 갈색에 가까운 페인트를 만든다.

그런 다음에 두 사람은 각자의 개인-공개 혼합 페인트를 상대방에게 보낸다. 이때 역시 이브가 그 페인트들을 중간에 가로채서 눈에 띄지 않을 정도의 소량을 덜어내고 시치미를 뗄 가능성을 염두에 둬야 한다. 그렇다면 이브는 총 세 개의 페인트 견본을 확보하게 된다. 그것들은 공개 페인트, 앨리스의 개인-공개 혼합 페인트, 밥의 개인-공개 혼합 페인트다.

마지막 단계에서 앨리스는 자신의 개인 페인트를 밥으로부터 받은 개인-공개 혼합 페인트에 섞는다. 밥도 똑같은 일을 한다. 그러면 밥과 앨리스는 (이브가 중간에서 페인트들을 아주 조금 덜어냈다는 점을 무시하면) 똑같은 페인트를 가지게 된다. 그 페인트는 공개 페인트와 앨리스의 개인 페인트와 밥의 개인 페인트의 혼합물이다. 이로써 '열쇠' 교환이 완

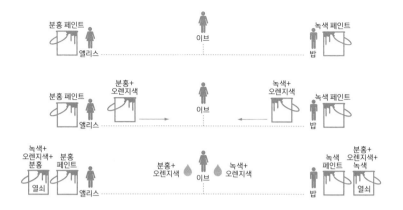

앨리스와 밥이 '개인 페인트'와 '공개 페인트'를 혼합해 '열쇠 페인트'를 만들어내는 과정. 이브가 중간에서 페인트를 소량씩 가로채더라도 열쇠 페인트를 만들수는 없다.

료되었다.

이 상황에서 이브의 처지는 어떠할까? 그녀는 페인트 견본 세 개를 확보했다. 그 견본들을 가지고 열쇠 페인트를 제조할 수는 없을까? 이브의 개인-공개 혼합 페인트와 밥의 개인-공개 혼합 페인트를 섞으면, 앨리스의 개인 페인트와 밥의 개인 페인트와 공개 페인트가 1대 1대 2의 비율로 혼합된 페인트가 만들어진다. 이브는 공개 페인트가 무엇인지 알기는 하지만 그 혼합된 페인트에서 공개 페인트를 "추출할" 수는 없다. 따라서 이브가 견본들을 아무리 혼합하더라도 앨리스와 밥이 공유한 열쇠 페인트를 만들어낼 수는 없다.

이제 밥과 앨리스가 그 열쇠 페인트를 가지고 무엇을 할지는 나도 모른다. 이제껏 설명한 상황은 단지 비유니까 말이다. 이 비유의 목적은 어떻게 하면 통신하는 쌍방이 특정 정보를 오직 자기들끼리만(NSA를 포함한 어떤 외부인도 배제하고) 공유한 상황을 만들 수 있는지 보여주는 것이다.

비유 속의 혼합은 현실에서는 당연히 수학적인 방식으로 이루어지며 따라서 더 복잡하다. 현실에서의 혼합을 구현하기 위해서는 한쪽("혼합") 방향으로는 아주 쉽지만 반대쪽("탈혼합") 방향으로는 불가능에 가까울 만큼 어려운 과정이 필요하다.

수학적 함수 중에 이런 속성을 가진 것들이 여러 개 있다. 두 개의 소수 37과 23을 곱해서 37 × 23 = 851을 얻는 것은 그리 어렵지 않다. 그러나 거꾸로 851을 소인수분해하여 그 소인수들이 37과 23임을 알아내는 것은 (미리 답을 알고 있지 않다면) 매우 어렵다.[•] 원리적으로는 851이 2, 3, 5, 7 등의 소수로 나누어떨어지는지 차례로 검사해야 하니까 말이다. 엄청나게 큰 수를 소인수분해하는 작업은 속도가 빠른 최신 컴퓨터로 처리하더라도 너무 긴 시간이 걸린다.

디피-헬먼 열쇠 교환 방법은 다른 계산을 이용하는데, 역시 한 방향으로는 쉽고 반대 방향으로는 어려운 그 계산은 '이산 거듭제곱discrete potentiation'(거꾸로 하면 이산 거듭제곱근 구하기)이다. 이를 이해하려면 먼저 '시계 산술modular arithmetic'을 알아야 한다.

시계 산술(혹은 모듈러 산술)에서는 무한히 많은 자연수가 등장하지 않고 유한한 개수의 자연수들이 주기적으로 반복해서 등장한다. 사실 우리는 아날로그 시계에서 시각을 읽어낼 때마다 시계 산술을 수행한

[•] 한 수를 소인수분해한 결과는 단 하나뿐이다. 851이 37과 23의 곱이라면, 851의 소인수는 37과 23이 전부다.

다. 지금이 오전 10시이고 우리가 6시간 뒤에 약속이 있다면, 그 약속 시각은 오후 4시다. (16시라고 할 수도 있다. 하지만 이 경우에 우리는 24를 모듈 modulus로 삼는 시계 산술을 수행하는 것이다.) 시각을 계산할 때 우리는 항상 계산값을 12로 나누었을 때 나오는 나머지만 이야기한다. 그리고 '(mod 12)'('모듈이 12일 때'라고 읽음)라는 표현을 덧붙인다.

예컨대 다음과 같다.

$$10 + 6 = 4 \,(\text{mod } 12) \quad (\text{덧셈})$$

$$10 \times 6 = 60 = 0 \,(\text{mod } 12) \quad (\text{곱셈})$$

$$10^6 = 1,000,000 = 4 \,(\text{mod } 12) \quad (\text{거듭제곱})$$

디피-헬먼 열쇠 교환 방법은 다음과 같이 작동한다. 앨리스와 밥은 앞선 비유에서처럼 개인 페인트를 선택하는 대신에 각자 개인 숫자를 선택한다. 예컨대 앨리스는 $a = 6$, 밥은 $b = 11$을 선택한다고 해보자. 이어서 앨리스는 공개 페인트 대신에 공개 숫자 두 개를 밥에게 보낸다. 한 숫자는 "모듈" p, 다른 숫자는 "밑" g다. 우리의 예에서 $p = 7$, $g = 2$ 라고 해보자.•

다음 단계에서 앨리스와 밥은 각자의 "개인-공개 숫자" A와 B를 다음과 같은 공식에 따라 계산한다.

• 모듈은 소수로, 밑은 그냥 양의 정수로 선택한다. 밑은 거듭제곱의 밑을 의미한다.

$$A = g^a(\text{mod } p) = 2^6(\text{mod } 7) = 64(\text{mod } 7) = 1$$

$$B = g^b(\text{mod } p) = 2^{11}(\text{mod } 7) = 2048(\text{mod } 7) = 4$$

두 사람은 각자의 개인-공개 숫자를 상대방에게 이메일로 알려준다. 그런 다음에 상대의 개인-공개 숫자를 밑으로 삼고 자신의 개인 숫자를 지수로 삼아 거듭제곱을 계산함으로써 열쇠를 얻는다. 즉, 아래 계산으로 열쇠 S를 얻는다.

앨리스: $S = B^a(\text{mod } p) = 4^6(\text{mod } 7) = 4096(\text{mod } 7) = 1$

밥: $S = A^b(\text{mod } p) = 1^{11}(\text{mod } 7) = 1(\text{mod } 7) = 1$

이로써 앨리스와 밥은 숫자 1을 공유 열쇠로 보유했다. 무슨 마술처럼 보일 수도 있겠지만 이 같은 열쇠 공유 방법의 바탕에 깔린 것은 단 하나의 수학적 법칙, 곧 밑 g에 지수로 먼저 a를 붙이고 그 다음에 b를 붙이든지, 거꾸로 b를 먼저 붙이고 a를 나중에 붙이든지 거듭제곱의 결과는 같다는 법칙이다.

한편, 이 열쇠 교환 과정 전체를 도청하는 이브의 처지는 어떠할까? 그녀는 밑 g와 모듈 p, 그리고 통신하는 쌍방의 개인-공개 숫자 두 개(A와 B)를 안다. 하지만 열쇠를 알아내려면 앨리스의 개인 숫자와 밥의 개인 숫자 중에 최소한 하나를 알아야 한다. 만약 앨리스의 개인 숫자를 알아내고 싶다면 아래 방정식을 풀어야 한다.

$$2^x = 1(\text{mod } 7)$$

수학용어를 써서 말하면 모듈이 7일 때 2를 밑으로 한 1의 로그 값 $(x = \log_2 1(\text{mod } 7))$을 계산해야 한다. 일반적인 산술에서 이런 로그 계산은 컴퓨터를 동원하면 그리 어렵지 않다. 반면에 시계 산술에서는 이런 로그 계산을 간단하게 해낼 방법이 없다. 물론 우리의 예에서처럼 모듈이 7일 경우에는 0부터 6까지의 모든 수를 위 방정식의 x에 대입해보는 방법이 있다. (앨리스의 개인 숫자가 6이 아니라, 13이나 20, 혹은 더 큰 숫자라도 문제될 것 없다. 모듈이 7일 때는 이 모든 숫자들이 6과 같다.) 그러나 현실의 암호 시스템들은 수백 자리 소수를 모듈로 삼기 때문에 이런 내입 방법으로 위 방정식을 풀려면 공이 엄청나게 든다. 이브가 세계 최고 성능의 컴퓨터를 동원하더라도 앨리스나 밥의 개인 숫자를 알아낼 수는 없고 따라서 열쇠 S를 알아내지는 못할 것이다.

디피-헬먼 열쇠 교환을 이용한 암호화 시스템은 항상 당신 곁에 있다. 당신이 인터넷 서핑을 하다가 주소창에서 통상적인 "http" 대신에 "https"를 볼 때마다 당신은 암호화 시스템과 마주치는 것이다. 당신이 온라인 쇼핑몰에서 상품을 구매할 때 주소창에 뜨는 약자 "https"는 당신의 컴퓨터와 쇼핑몰의 컴퓨터가 앨리스와 밥처럼 자기들끼리만 아는 공유 열쇠를 확보했음을 의미한다. 이제 두 컴퓨터는 그 공유 열쇠를 이용하여 당신의 고객 데이터를 암호화하고 해독한다. 그 데이터는 당신이 주문한 상품 목록뿐 아니라 당신의 주소, 무엇보다도 당신의 신용카드 번호나 계좌번호와 같은 결제 관련 정보까지 아우른다. 당신과 쇼핑몰 사이에서 교환되는 데이터를 누군가가 도청하더라도 그는 도무지 해독할 수 없는 숫자 더미만 얻을 것이다.

하지만 이것은 데이터를 중간에서 도청하기만 하고 손은 대지 않을 경우에만 해당하는 이야기다. 만일 사악한 이브가 흘러오는 데이터를 가로채서 변형한 다음에 다시 흘려보내는 능력까지 갖추었다면 암호화 시스템을 뚫어낼 가능성이 있다. 논의를 단순화하기 위해 다시 페인트 비유를 들겠다. 다들 기억하겠지만 앨리스와 밥은 각자 분홍 페인트와 녹색 페인트를 개인 페인트로 가지고 있다. 그런데 이번에는 이브도 자신의 개인 페인트를 선택한다. 보라색 페인트라고 하자. 앨리스가 공개 페인트(오렌지색 페인트)를 알려주고 합법적인 통신 쌍방이 각자 자신의 개인 페인트와 공개 페인트를 섞을 때 이브도 그들과 똑같은 작업을 한다.

다음 단계에서 앨리스와 밥은 각자의 개인-공개 혼합 페인트를 상대방에게 보낸다. 그러나 그것은 그들의 생각일 뿐이다. 실제로는 이브가 중간에서 페인트들을 가로채고 자기가 만든 혼합 페인트로 대체한다. 그리고 가로챈 페인트들 각각에 자신의 혼합 페인트를 섞는다. 이제 이브는 두 가지 페인트, 즉 두 개의 열쇠를 보유했다. 한 열쇠 S_1은 앨리스와의 통신을 위한 것이고, 다른 열쇠 S_2는 밥과의 통신을 위한 것이다. 이브는 앨리스가 보내는 메시지를 S_1로 해독해서 읽은 다음에 다시 S_2로 암호화하여 밥에게 보낼 수 있다. 거꾸로 밥이 보내는 메시지도 해독해서 읽은 다음에 다시 암호화하여 앨리스에게 보낼 수 있다. 통신하는 쌍방은 이를 전혀 눈치 채지 못하고 안심하면서 메시지를 주고받는다. 이브는 심지어 메시지를 변조할 수도 있다. 그래도 앨리스와 밥은 알아채지 못한다.

하지만 완전범죄는 이브가 통신을 완벽하게 통제하고 정말로 모든 메시지에 손을 대야만 이루어진다. 앨리스가 보내는 암호화된 메시지

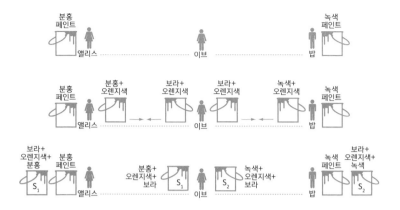

이브가 완전 범죄를 저지르는 과정. 이브가 통신을 완벽하게 통제하고 있을 경우에만 가능하다. 단 한번이라도 실수가 있어서는 안된다.

가 그대로 밥에게 도달하는 일이 단 한 번이라도 일어나면 밥은 그 메시지에 열쇠 S_2를 적용할 것이다. 그러나 그 메시지는 S_1으로 암호화되었으므로 S_2로 해독한 결과는 전혀 읽어낼 수 없는 기호열일 것이다. 따라서 밥은 통신 보안에 문제가 있음을 알아챌 것이다. 현실에서 이브의 완전범죄를 위한 완벽한 통신 통제는 오직 이브가 앨리스나 밥에게서 아주 가까운 위치에 있을 때만 가능하다. 가장 좋은 것은 이브가 앨리스의 컴퓨터나 밥의 컴퓨터에서 나오는 통신선을 곧바로 통제할 수 있는 상황이다. 왜냐하면 실제 인터넷에서는 메시지를 구성하는 개별 패킷들이 어느 경로를 거칠지가 불명확하기 때문이다. 인터넷의 구조 때문에 이른바 라우팅routing(경로 설정)이 다양한 방식으로 이루어질 수 있고 따라서 패킷들은 제각각 다른 경로를 거칠 수 있다.

디피-헬먼 알고리즘(디피-헬먼 열쇠 교환을 이용한 암호화 알고리즘)의 단점은 모든 각각의 통신을 위해서 열쇠 교환 과정(개인 열쇠와 공개 열쇠의 선택, 통신을 위한 열쇠 산출)을 처음부터 시작해야 한다는 것이다. 1983년에 로널드 라이베스트, 아디 샤미르, 레너드 에이들먼이 발표한 이른바 RSA 알고리즘(RSA는 발표자들 성의 첫 철자들로 만든 약자)은 이 단점을 조금 더 개선했다. 주로 이메일에서 쓰이는 이 암호화 시스템에서는 모든 사용자 각각이 영구적인 공개 열쇠 하나를 얻는다. 밥이 앨리스에게 메시지를 보내려 한다면, 밥은 앨리스에게 문의하여 그녀의 공개 열쇠를 알아낸 뒤 그 열쇠로 메시지를 암호화해서 그녀에게 보낸다. 그런데 그 암호 메시지를 해독하려면 앨리스의 공개 열쇠 외에 그녀만 보유한 개인 열쇠도 필요하다. 따라서 이브는 암호 메시지를 가로채더라도 그것을 해독할 길이 없다.

더 자세히 설명하면 이러하다. 디피-헬먼 시스템에서처럼 암호화 기술의 토대는 한 방향으로는 쉽고 반대 방향으로는 어려운 계산이다. RSA가 이용하는 계산은 앞서 언급한 바 있는 매우 큰 소수들의 곱셈이다. 곱셈은 쉽지만 곱셈 결과를 소인수로 분해하는 작업은 너무 오랜 시간이 걸려서 사실상 완료하기가 불가능하다.

RSA 알고리즘의 개발자들은 큰 부자가 되었다. 그들은 직접 창립한 회사를 1996년에 2억 5100만 달러에 팔았다. 그후 창립자들과 무관해진 통신보안회사 RSA는 2013년에 불미스러운 일로 세간의 주목을 받았다. 그 회사가 미국 정보기관 NSA로부터 돈을 받고 자사의 보안 알고리즘 중 하나에 뒷문back door을 설치했다는 사실이 에드워드 스노든이 폭로한 문건에서 드러난 것이다. 구체적으로 말하면 무작위한 수를 발생시키는 알고리즘이 문제였다. 그 알고리즘이 발생시키는 수는 고객들이 당연시한 수준보다 덜 무작위했다. 이 때문에 암호를 비교적 신속하게 뚫어내는 것이 가능했다. RSA 사는 이 조작에 대해서 전혀 몰랐다고 맹세했다.

이런 불미스러운 시도들이 있기는 하지만 그럼에도 암호화는 통신을 더 안전하게 만든다. 그렇다면 왜 더 많은 사람들이 암호화 시스템을 이용하지 않는 것일까?

처음 개발되었을 당시에 인터넷은 과학자들의 소통을 위한 플랫폼이었다. 그 시절에는 데이터 보안과 비밀 유지에 관심을 기울이는 사람이 아무도 없었다. 그후 인터넷은 전 세계로 확장되었고 모든 사람이 함께 읽는 것이 바람직하지 않은 정보가 인터넷을 통해 전송되는 경우도 점점 더 증가했다. 그러나 상황이 이렇게 되었을 때는 인터넷에 보편적인 보안장치를 내장하기에 너무 늦은 상태였다. 또한 사용자가 스스로 설치해야 하는 암호화 프로그램들은 큰 호응을 얻지 못한다. 사용자들은 정보기관의 감시에 분개하면서도 보안을 위해 공을 들이는 것에 인색하기 때문이다. 암호화 프로그램들이 있으며 전송자의 신원을 보증해주는 디지털 서명이 있고 안전한 이메일도 있다. 하지만 사람들은 모든 메시지를 "엽서", 즉 암호화되지 않은 이메일로 보내는 편을 더 선호한다.

온라인 상거래 등에서 암호화가 보편화되려면 결국 암호화 시스템이 근본적으로 설치되어야만 한다. 실제로 스노든의 폭로 이후 하드웨어와 소프트웨어를 생산하는 대규모 업체가 자사 제품에 암호화 시스템을 내장하는 사례가 점점 더 증가하고 있다. 몇몇 클라우드 서비스 cloud service 업체는 통신 데이터뿐 아니라 저장된 데이터까지 그 업체 자신도 해독할 수 없게 암호화한다. 따라서 FBI가 정보 제공을 요청하더라도 그 업체는 어쩔 도리가 없다며 어깨만 으쓱할 수 있다. 현재 미국 행정기관들은 애플과 마이크로소프트를 비롯한 회사들을 상대로 법적인 분쟁을 벌이는 중이다. 쟁점은 전자 데이터 통신이 원리적으로 도청 가능해야 하는가 여부다.

국가가 편지 봉투 사용을 금지한다고 상상해보라. 전자 데이터 통신의 원리적 도청 가능성을 옹호하는 것은 편지 봉투 사용의 금지를 옹호하는 것과 유사하다.

우리 문명이 모든 통신의 암호화를 당연시하기까지는 아마도 어느 정도 시간이 걸릴 것이다. 앞서 나는 외계인이 보낸 전파 신호가 탐지되지 않는 현상에 대한 스노든의 해석을 언급한 바 있다. 외계 지능 탐사에 참여하여 우주에서 오는 전파 신호에 귀를 기울이는 과학자들은 스노든의 해석에 강하게 반발한다. 왜냐하면 그들이 발견하려 애쓰는 것은 일차적으로 그들이 이해할 수 있는 메시지가 아니라 아무튼 메시지라고 판별할 수 있는 전파 신호이기 때문이다. 다시 말해 그들은 좁은 주파수 범위 내에서 이어지는, 자연적으로 기원하지 않은 것이 명백한 신호 계열을 발견하려 애쓴다. 그 신호 계열에 담긴 메시지는 부차적인 관심사다. 탐사에 참여하는 과학자들의 견해에 따르면 우리가 수신할 수 있는 외계 신호는 오로지 명시적으로 우리 문명을 위해 제작되었고 따라서 암호화되지 않은 신호뿐이다.

하지만 누가 알겠는가. 어쩌면 외계인들은 우리보다 훨씬 더 우월해서 그들의 메시지를 암호화할 수 있을뿐 아니라 그들이 서로 신호를 주고받는다는 사실 자체를 숨기는 것인지도 모른다. 그렇다면 그들이 주고받는 정보는 우리가 알아채지 못하는 사이에 우주 배경 잡음 속에 매몰된 채로 사라질 것이다. 어쩌면 외계인들은 우리가 그들을 성가시게 하는 것을 바라지 않는지도 모른다.

9장

압축:
알고리즘이 저장 공간을 절약하는 방법

와이즈만 점수^{Weissman-Score} 5.2! 2014년 파이드파이퍼 사가 웹진 〈텍크런치〉의 디스럽트 ^{Disrupt} 이벤트에서 공개한 알고리즘은 청중 속 전문가들의 말문을 막아버렸다. 젊은 프로그래머 리처드 헨드릭스와 동료들은 모든 유형의 데이터를 손실 없이 원래 크기보다 훨씬 더 작게 줄일 수 있는 압축 알고리즘을 개발했다. 근본적으로 새로운 접근법을 채택한 그 프로그램은 모든 경쟁자들, 특히 훌리 사가 그 전날 발표한 알고리즘을 압도했다.

청중의 박수가 요란하게 터지고, 그렇게 텔레비전 시리즈 〈실리콘 밸리^{Silicon Valley}〉의 첫 시즌이 마무리된다. 신생 기업 파이드파이퍼는 현실에 존재하지 않으며 훌리 사는 거대기업 구글을 거의 노골적으로 연상시킨다. 그리고 와이즈만 점수 5.2에 빛나는 압축 알고리즘은 그 드라마를 지은 작가들이 꾸며낸 허구다. 사실 와이즈만 점수라는 것 자체가 존재하지 않는다. 혹은 그 드라마가 만들어지기 전에는 존재하지 않았다. 〈실리콘 밸리〉의 작가들은 드라마를 최대한 현실적으로 만들고 기술적 세부사항을 그럴 듯하게 연출하기 위해 스탠퍼드 대학교의 차키 와이즈만 교수와 그의 학생 비니스 미스라를 고용했다. 두 사람은 복잡한 알고리즘들을 비교할 수 있게 해주는 어떤 수치가 필요하다는 작가들의 요구에 부응하여 와이즈만 점수를 고안했다. 어느새 이 수치는 대학에서도 가르치는 주제가 되었다. 실제로 와이즈만 점수는 새로운 데이터 압축 알고리즘을 기존 알고리즘과 비교하기 위한 척도로 이용될 수 있다.

〈실리콘 밸리〉는 충분히 현실적인 문제 하나를 지적한다. 우리가 점점 더 많은 데이터를 생산한다는 것이다. 우리는 컴퓨터 하드디스크가 꽉 차는 상황을 정기적으로 맞이한다. 칩의 저장 용량은 무어의 법칙에 따라 2년마다 두 배로 향상되지만 우리의 저장매체가 보유한 공간은 늘 부족하다. 왜냐하면 우리의 저장 수요가 최소한 저장 용량만큼이나 빠르게 증가하기 때문이다. 그리고 인터넷을 통한 업로드와 다운로드는 항상 우리의 바람보다 더 느리다. 저장 및 전송 기술의 진보가 일어날 때마다 곧바로 더 많은 데이터를 향한 우리의 식욕이 그 진보를 집어삼킨다. 가정에서 컴퓨터를 사용하는 사람들도 그렇지만 특히 전문가들이 이 문제를 절실히 느낀다. "빅데이터"라는 키워드 아래에서 데이터 유통량은 점점 더 증가하고 있다.

다시 〈실리콘 밸리〉를 인용하겠다. 홀리 사의 사장은 직원들에게 이렇게 설명한다. "데이터 생산이 폭발적으로 증가하고 있습니다. 클라우드에 온갖 셀카와 쓸데없는 데이터가 넘쳐나는데, 사람들은 그것들을 삭제하려 하지 않아요. 전 세계 데이터의 92퍼센트가 지난 2년 동안 생산된 것입니다. 이런 식으로 계속 가면 내년 봄에 전 세계의 저장 용량이 바닥날 거예요." 그는 데이터 결핍, 데이터 구조조정, 데이터 암시장을 예견하면서 새로운 데이터 압축 알고리즘이 미래의 "데이터겟돈Datageddon"에서 인류를 구하리라고 생각한다.

그가 말한 92퍼센트라는 비율은 실제로 진지한 출판물들에서도 거론된다. 혹은 2013년에 진지한 출판물들에서 거론되었다. 만일 그 비율이 옳고 그런 데이터 생산 증가의 경향이 유지되었다면 2015년인 지금까지 우리는 또 한 번 2년 전보다 10배 많은 데이터를 생산했을 것이다. 그러나 설령 실제 데이터 증가율은 더 낮고 데이터 암시장이 등장하리라는 전망은 드라마를 위한 과장이라 하더라도, 데이터 저장 공간과 전송용 주파수 대역폭(띠너비)bandwidth은 가까운 미래에 부족한 자원이 될 것이다. 따라서 미래에는 정보 손실 없이 데이터를 압축하여 그 양을 줄이는 기술이 더욱 요긴해질 것이다.

본격적인 논의에 앞서 데이터의 단위들을 알아보자. 컴퓨터 데이터는 비트와 바이트 단위로 측정한다. 컴퓨터 데이터는 이진수로 되어 있다. 다시말해, 기계어 수준에서 컴퓨터 데이터는 0과 1로만 이루어져 있다. 비트는 데이터의 최소 단위, 말하자면 "철자"다. 하나의 비트는 0이거나 1일 수 있다. 하지만 이것은 철자로서 불충분하기 때문에 비트 8개가 진정한 철자 하나로 사용된다. 그리고 비트 8개를 묶어서 바이트라고 부른다. 1바이트를 이용하면 2^8, 즉 256개의 철자(보다 일반적으로 말하자면, 기호)를 표현할 수 있다.

데이터의 양은 저장된 내용이 무엇이냐에 따라서 천차만별이다.

텍스트: 텍스트는 오늘날 압축이 거의 필요하지 않은 유일한 데이터 유형이다. 적어도 일반인들에게는 그러하다. 텍스트 한 장은 약 2000개의 철자, 2킬로바이트의 데이터를 포함한다. 괴테의 『파우스트』 전체는 80만 개의 철자, 또는 800킬로바이트의 데이터를 담고 있다. 그러므로 『파우스트』를 과거에 사용되던 디스켓에 저장한다면 디스켓의 절반을 차지할 테고, 현재의 8기가바이트짜리 USB 스틱에 저장한다면 『파우스트』 규모의 책 1만 권을 저장할 수 있다. 데이터 전송에서는 어떨까? 현재 독일 가정에서 통상적으로 사용하는 데이터 통신선의 전송 속도는 초당 16메가비트다. 이 속도로 『파우스트』를 전송하려면 0.5초가 걸린다.

그림: 메가픽셀megapixel이라는 용어를 모르는 사람은 아마 없을 것이다. 디지털 사진 한 장은 몇 백만 화소(픽셀)로 이루어진다. 예컨대 내 휴대전화 사진은 800만 화소다. 한 화소가 보유한 정보는 컬러 채널 세 개(빨강, 녹색, 파랑) 각각이 256개의 밝기 등급 중에서 어떤 등급으로 화소에 가미되는가에 관한 것이다. 밝기 등급에 관한 정보는 8비트, 곧 1바이트를 차지하므로, 한 화소가 보유한 정보는 3바이트다. 따라서 800만 화소로 된 사진이 보유한 정보는 2400만 바이트(24메가바이트)다. 그러나 그 사진이 하드디스크에서 차지하는 공간은 24메가바이트보다 훨씬 더 작으며 대개 2메가바이트 정도다. 그러니까 사진 데이터가 원래의 10분의 1도 안 되는 크기로 압축되는 것인데 이는

'JPEG 알고리즘' 덕분이다.

음악 : 고전음악 CD는 두 채널의 소리 신호를 6만 5536개의 음량 등급 (16비트)으로 세분하여 초당 4만 4100회 수록한다. 음악을 이 정도로 미세하게 분해해서 수록하고 재생해야만 음질이 좋은 CD라는 평가를 받을 수 있다. 물론 많은 오디오 애호가는 이 정도로도 부족하다고 느끼지만 말이다. 그러므로 고전음악 CD에 수록된 데이터는 초당 17만 6400(=2 × 2 × 44100)바이트이며 3분 길이의 노래가 차지하는 저장 공간은 약 32메가바이트다. 그러므로 8기가바이트 메모리 스틱에는 그런 노래 250곡을 담을 수 있다. 그러나 약 15년 전, 사람들이 컴퓨터와 휴대용 장치로 음악을 듣기 시작할 당시에는 이 정도 크기의 음악 데이터도 아직 너무 컸다. 그리하여 독일에서 개발된 표준 압축 기술 MP3의 전성기가 시작되었다. MP3 압축을 이용하면 일반적으로 음악 데이터가 원래 크기의 10분의 1로 줄어든다. 이 기술에 대해서는 나중에 다시 논할 것이다.

동영상 : 그림과 소리의 조합인 동영상은 정말 큰 규모의 데이터다. 고화질 동영상 HD Video 은 1920×1080화소로 이루어진다. 화소 각각이 24비트(3바이트)로 되어 있고 동영상에서 초당 30프레임이 나타난다면 동영상에 필요한 데이터는 초당 약 187메가바이트다. 따라서 1시간 길이의 영화는 672기가바이트를 차지할 테고, 그런 영화를 메모리 스틱에 담으려면 8기가바이트짜리 스틱이 80개 넘게 필요할 것이다. 게다가 지금까지의 계산에서 소리는 아예 고려하지 않았다. 그러나 최신 압축

알고리즘은 MPEG 표준을 이용하여 이 엄청난 데이터를 1에서 2기가 바이트로 줄일 수 있다. 원래 크기의 500분의 1로 압축하는 셈이다. 그럼에도 화면은 칼로 새긴 듯이 선명하다. 이 정도 데이터 양이라면 일반적인 인터넷을 통해 영화를 실시간으로 중계하는 것도 가능하다.

압축 기술은 기본적으로 두 가지 유형으로 구분된다. 한 유형은 손실 없는 압축, 다른 유형은 손실을 동반한 압축이다. 손실 없는 압축에서는 데이터에서 불필요한 정보만 제거되며 압축을 풀면 원래 데이터가 복원된다. 이 과정은 남아메리카에서 생산된 오렌지주스에서 물을 제거하여 농축액을 만드는 것에 비유할 수 있다. 그 농축액은 배에 실려 대서양을 건넌 다음 유럽에서 다시 물과 혼합되어 원래 양을 회복한다. 그리고 그 결과는 원래 성분 조성과 똑같은 오렌지주스다. (물론 많은 이들은 농축을 거치지 않은 'NFC 주스'를 선호한다.)

반면에 손실을 동반한 압축에서는 압축을 풀었을 때 나오는 데이터가 원래 데이터와 다르다. 하지만 그 데이터에서 원래 정보를 추출하는 것이 어느 정도 가능하다. 데이터의 내용이 텍스트라면 이 추출은 거의 불가능하다. 왜냐하면 철자 하나만 바꾸어도 의미가 왜곡될 수 있기 때문이다. 그러나 그림, 소리, 영화에서는 이런 압축을 통해 정보 질의 저하를 감수하면서 저장 공간을 절약할 수 있다. 다시 오렌지주스를 예로 들면, 많은 이들은 천연 오렌지주스가 50퍼센트만 들어 있고 나머지는 물과 설탕으로 채운 "과일음료"로 만족한다.

손실 없는 압축 알고리즘의 대다수는 모든 유형의 데이터에 적용할 수 있다. 압축 알고리즘은 비트와 바이트를 살펴보면서 그 내용을 더 간략하게 표현하려 애쓴다. 어떻게 하면 그런 간략한 표현을 얻을 수 있을까?

컴퓨터 데이터 속의 1과 0은 무작위하게 배열되어 있지 않다. 그 배열에는 반복과 패턴이 있다. 한 예로 과거에 쓰던 팩스를 돌이켜보자. 팩스 장치는 손으로 적은 문서를 광학적으로 스캔하여 작은 화소들로 분해한다. 일반적으로 문서에서 철자를 이룬 선들이 차지하는 면적은 전체 면적에서 극히 작은 일부에 불과하다. 어쩌면 1퍼센트 정도일 것이다. 이는 팩스 장치가 확보한 그림 데이터에서 검은 화소 대 흰 화소 비율이 1 대 100이라는 것을 의미한다. 검은 회소를 1, 흰 화소를 0으로 나타낸다면 팩스 데이터는 아래와 같은 형태일 것이다.

00000000000000000000000000000000000000000000000
00000000000000000001100000000000000000000000100000
0000000000000000000...

그렇다면 간단히 0과 1의 개수를 세어서 위 데이터를 아래처럼 표현할 수 있을 것이다.

71 x 0, 2 x 1, 24 x 0, 1 x 1, 22 x 0 ...

혹은 맨 처음에 0이 나온다는 것과 이어서 1과 0이 번갈아 나온다는 것을 안다고 전제하고 다음처럼 더 줄여서 표현할 수도 있을 것이다.

71, 2, 24, 1, 22 …

이처럼 동일한 정보가 훨씬 더 적은 기호로 표현되어 송신될 수 있고 수신자에 의해 완전하게 복원될 수 있다. 실제로 이 방법을 기초로 삼은 압축 기술이 존재한다. 그것을 일컬어 '런렝스 부호화run-length encoding'라고 한다.

그러나 동일한 기호가 오래 반복되는 구간이 모든 유형의 데이터에서 나타나는 것은 아니다. 예컨대 텍스트에서 "aaaaaaaa" 같은 철자 반복이 등장하는 일은 거의 없다. 그러나 텍스트에서 일부 철자들은 다른 철자들보다 더 자주 등장한다. 이 사실을 이용하여 데이터 양을 대폭 줄일 수 있다.

앞서 언급했듯이 이른바 ASCII 코드에서 철자 하나는 1바이트, 즉 8비트의 저장공간을 차지한다. 8비트로 코드화할 수 있는 기호는 256가지다. 그러나 대부분의 텍스트에 등장하는 기호의 종류는 이보다 훨씬 더 적다. 이 사실을 기초로 삼아서 미국 컴퓨터과학자 데이비드 허프만은 1951년에 허프만 코딩Huffman coding을 개발했다. 매사추세츠 공과대학의 학생이었던 허프만은 교수로부터 철자를 최대한 효율적으로 표현하는 이진수 코드를 고안해서 제출하라는 학기말 과제를 받았다. 그리하여 그는 기존의 모든 방법보다 저장 공간을 더 많이 절약하는 방법을 고안했다.

허프만 코드는 철자 각각에 새로운 비트 열을 부여하는데 이는 기존 방법이 부여하는 열보다 더 짧다. 또한 자주 등장하는 철자에는 특히 짧은 비트 열을 부여한다.

다음과 같은 짧은 텍스트를 예로 들자.

GOOGLE IST DAS DATAGEDDON (구글은 데이터겟돈이다)

이 텍스트는 철자 25개로 되어 있다. (공백도 철자로 친다!) 11가지 철자가 다양한 빈도로 등장한다. 허프만 코딩은 가장 먼저 이 빈도를 고려한다.

I, L, N: 1회
E, S, T: 2회
A, G, O, 공백: 3회
D: 4회

코드를 작성하기 위해 우선 나무를 그리자. 이때 나무란 수학적 그래프, 즉 꼭짓점과 변으로 이루어진 그림의 일종이다. 나무의 특징은 닫힌 경로를 포함하지 않는다는 점이다. 나무는 밑동에서부터 뻗어나가며 계속 가지가 갈라지는데 가지 끝에 "잎"이 자리 잡으면 더 이상 가지가 갈라지지 않는다. 허프만 나무에서 잎은 텍스트에 등장하는 철자다.

실제로 나무를 그리는 작업은 밑동부터 시작하지 않고 잎부터 시작한다. 더 자세히 설명하면 이러하다. 우리는 등장 횟수가 가장 적은 철자 (꼭짓점) 2개를 나란히 놓고 새로운 꼭짓점 하나를 그린 다음 그 꼭짓점과 철자들을 변으로 연결한다. 우리 예에서 그 철자들은 단 1회씩 등장하는 철자들, 이를테면 N과 I다.

새 꼭짓점도 값을 부여받는데, 그 값은 두 잎이 지닌 값의 합이다.

이제 다시 가장 작은 값을 가진 두 잎(두 꼭짓점)을 찾는다. 그것들은 L, 그리고 2회 등장하는 철자들 중 하나, 이를테면 E다.

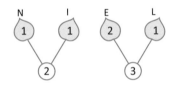

값이 2인 잎이 아직 두 개 남아 있다. 그것들은 S와 T다. 또 방금 그린 꼭짓점 하나도 값이 2다. 그 꼭짓점은 3회 등장하는 철자들 중 하나, 이를테면 G와 짝을 이룬다. 물론 A나 O와 짝을 이룰 수도 있다. 허프만 나무는 단 하나의 형태로 엄격하게 결정되지 않는다!

이런 식으로 차근차근 나무를 조립한다. 항상 값이 가장 작은 두 꼭짓점(잎)을 연결한다. 그런 꼭짓점이 세 개 이상일 때는 임의로 두 개를 선택하면 된다. 이 작업을 계속 반복해서 나무 전체가 하나의 꼭짓점(밑동)으로 수렴하게 만든다.

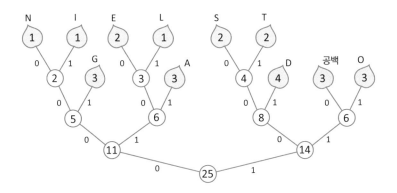

이세 이 나무를 코드로 변환할 차례다. 우리는 밑동에서 출발하여 가지들을 타고 이동하여 각각의 잎에 이른다. 이때 분기점에서 왼쪽으로 뻗은 가지에 기호 0, 오른쪽으로 뻗은 가지에 기호 1을 붙이자. 거꾸로 전자에 1, 후자에 0을 붙일 수도 있다. 어느 쪽이든 일관성만큼은 반드시 지켜야 한다. 각각의 잎, 다시 말해 철자의 코드는 밑동에서 그 철자까지 이동하면서 거친 가지들의 기호를 나열하여 만든다. 예를 들어 철자 A의 코드는 011이다. 아래 표는 모든 철자들의 코드를 보여 준다.

A: 011   L: 0101

D: 101   N: 0000

E: 0100   O: 111

G: 001   S: 1000

I: 0001   T: 1001

공백: 110

이 허프만 나무는 아래와 같은 특징들을 가졌다.

– 밑동의 값은 텍스트에 포함된 기호의 개수와 정확히 일치한다.
– 자주 등장하는 철자의 코드가 드물게 등장하는 철자의 코드보다 더 짧다.
– 허프만 코드는 "앞부분 중복이 없다". 즉, 한 철자의 코드가 다른 철자 코드의 앞부분인 경우가 없다. 왜냐하면 허프만 나무에서는 가지 끝의 잎에서 또 가지가 갈라지는 일이 없기 때문이다. 똑같은 원리가 전화번호에도 적용된다. 112가 범죄신고 전화번호라면 일반 전화에는 11247과 같은 번호가 없어야 한다. 이 번호를 입력하려 하면 처음 숫자 세 개를 입력하는 순간 곧바로 경찰서와 연결될 테니까 말이다. 우리가 작성한 허프만 코드에서는 011까지만 입력하면 이 코드가 A를 나타낸다는 것을 명확하게 알 수 있다. 기호 네 개나 다섯 개로 되어 있으면서 앞부분이 011인 코드는 없으니까 말이다. 따라서 코드 계열을 만들 때 각각의 코드를 떼어놓을 필요가 없다. 비트의 계열만 봐도 어떻게 구간들을 나눠서 철자들로 되돌려야 할지를 명확하게 알 수 있다.

우리가 예로 삼은 문장 'GOOGLE IST DAS DATAGEDDON'의 코드를 만드는 방법은 아주 간단하다. 모든 철자의 코드를 죽 나열하면 끝이다.

0011111100101010100110000110001001110101011100011010101110
0101100101001011011110000

세어보면 총 83비트다. 원래 문장은 각각 8비트를 차지하는 철자 25개로 되어 있었으니 총 200비트였다. 요컨대 허프만 코딩 덕분에 데이터 양이 원래의 41.5퍼센트로 감소했다!

하지만 실제 사정은 이렇게 간단하지 않다. 이 코드를 다시 독해 가능한 텍스트로 변환하려면 암호문을 해독할 때와 거의 다를 바 없이 코드표가 필요하다. 따라서 이 코드와 함께 그 코드표도 저장해야 하고, 그러려면 당연히 저장 공간이 추가로 필요하다. 따라서 우리의 예처럼 짧은 텍스트를 허프만 코딩으로 저장하면 저장할 기호들의 개수가 도리어 늘어난다. 배보다 배꼽이 커서 압축이 역효과를 내는 것이다. 그러므로 허프만 코딩은 텍스트가 충분히 길 때 비로소 저장 공간을 절약한다. 코드표는 사용되는 철자들과 그 코드만 등재하므로 텍스트가 길어지더라도 길이가 변함없거나 약간만 증가하니까 말이다.

코드표를 작성하려면 먼저 텍스트의 모든 철자를 일일이 세어야 한다는 것도 허프만 코드의 단점이다. 텍스트의 양이 방대하면 이 예비 작업에 오랜 시간이 걸린다.

반면에 처음에 텍스트 전체를 샅샅이 훑지 않고 곧바로 코드화에 착수하는 알고리즘도 있다. 그 알고리즘의 코드는 철자의 빈도가 변화함에 따라 역동적으로 변화한다. 그리고 이 역동적인 코드화 과정을 되돌리면 코드를 해독할 수 있다. 해독을 위해 명시적인 코드표는 필요하지 않다. 이런 알고리즘의 한 예로 LZW 압축 알고리즘이 있다.

이제 이런 질문을 던질 차례다. 데이터를 손실 없이 압축할 때, 어느 정도까지 압축이 가능할까? 1과 0을 어떻게 조합하든지 그 결과에는 우리가 제거할 수 있는 '여백'이 충분히 들어 있을까? 특정 알고리즘 하나를 통한 압축은 당연히 한계가 있다. 만일 한 압축 알고리즘을 적용할 때마다 데이터 양이 계속 줄어든다면 주어진 데이터에 그 알고리즘을 반복해서 적용한 최종 결과는 1비트일 테고, 그 1비트 속에 원래 데이터에 담긴 정보 전체가 들어 있어야 할 것이다. 그러나 이것은 터무니없는 일이다. 여러 알고리즘을 동원하면 좀 더 강력한 압축이 가능하다. 그러나 언젠가는 한계에 도달한다. 이름값을 톡톡히 한다고 할 만큼 복잡한 복잡성 이론에 따르면 기호들의 무작위한 조합으로 이루어진 데이터는 압축이 불가능하다.

이런 한계를 넘어서 데이터 양을 더 줄이려 한다면, 정보 손실을 감수해야 한다. 그리고 어떤 정보를 생략해도 되는지 판단하려면 압축되는 데이터가 어떤 유형인지 알아야 한다. 텍스트 데이터의 경우, 사람이라면 그 데이터를 요약할 수 있겠지만 알고리즘에게는 어떤 철자와 단어가 잉여인지 판단하는 것이 어려운 과제다. 이 때문에 텍스트 데이터에는 손실 없는 압축 알고리즘들만 적용된다. 반면에 그림 및 소리 데이터는 요약할 여지가 있다. 문제는 질의 손상을 어느 정도까지 감수할 것이냐 하는 것이다. 가장 간단한 압축 방법은 해상도를 낮추는 것이다. 한 그림이 2000×2000 화소로 되어 있고 각 화소가 8비트라고 해보자. 그러면 그림 전체의 데이터 양은 4메가바이트다. 그 그림의 해상도를 낮춰서 1000×1000 화소로 만들면, 데이터 양은 4분의 1로 줄어서 1메가바이트가 된다. 1메가바이트짜리 그림은 대체로 원래 모습 그대로이겠지만 세세한 부분을 알아보기 힘들 것이다. 우리는 나중에 이 그림을 원래 데이터 양으로 '팽창'시킬 수 있지만 그렇게 하더라도 손실된 데이터를 되찾지는 못한다. 이 팽창은 그저 각각의 화소를 확대시킬 뿐이다.

실제 그림 압축 알고리즘은 이보다 훨씬 더 섬세하게 작동한다. 그 알고리즘들은 해상도를 그대로 유지하는 대신에 다른 잉여를 생략하여 데이터 양을 줄인다. 예컨대 눈은 몇몇 섬세한 색조 차이를 지각하지 못한다. 그런 차이들을 생략하면 데이터 양이 줄어든다. 사진을 압축해서 저장할 때는 대개 화질을 선택할 수 있다. 강하게 압축한 사진은 저장 공간을 덜 차지하겠지만 자세히 보면 아티팩트artifact라고 불리는 것이 보인다. 아티팩트란 원본 사진에 없지만 압축 때문에 생겨나는 미세한 구조물을 뜻한다. 화질이 꽤 높은 그림을 JPEG 알고리즘으로 압축하면 데이터 양을 10분의 1로 줄이면서 화질 저하가 느껴지지 않게 만들 수 있다.

21세기가 시작되고 얼마 지나지 않아 소리 데이터 압축 기술 중 하나가 그다지 명예롭지 않은 이유로 유명해졌다. 그 기술을 뜻하는 약자 MP3는 당시 인터넷에서 유통된 불법복제 음원의 동의어가 되었다. 1분 길이의 CD 녹음은 데이터 양으로 거의 정확히 10메가바이트다. 따라서 3분짜리 노래는 CD 녹음에서 약 30메가바이트를 차지하는데, 그 시절에 이것은 어마어마한 데이터 양이었다. 30메가바이트를 전송하려면 긴 시간이 걸렸다. 하드디스크에 노래 1만 곡을 저장하려면 300기가바이트의 저장 공간이 필요했는데 이는 당시에 통상적으로 거래된 고성능 하드디스크 용량의 두 배였다. 데이터 압축이 절실히 필요했고 음악 해적들은 카를하인츠 브란덴부르크라는 젊은 과학자가 1989년에 에를랑겐-뉘른베르크 대학교에 제출한 박사논문에서 구상한 기술을 사용했다. 그 기술은 프라운호퍼 집적회로 연구소에서 더욱 개량되어 MP3라는 이름으로 특허를 얻었다. 지금도 여전히 MP3는 소리 파일 압축에 가장 많이 쓰이는 표준 기술이다. MP3의 시대가 서서히 저무는 중이라고 주장하는 이들도 많기는 하지만 말이다.

MP3의(또한 다른 소리 압축 기술의) 기반은 이른바 음향심리학 psychoacoustics이다. 이 과학 분야는 인간의 청각기관이 어떤 소리를 수용하고 그중에 어떤 것이 뇌에서 실제로 지각되는가를 연구한다. 우리는 진동수가 20헤르츠(초당 20회 진동)에서 20킬로헤르츠(초당 2만 회 진동) 사이인 소리만 지각할 수 있다는 이야기를 어쩌면 당신도 들은 적이 있을 것이다. 그러나 우리의 청각 능력이 20헤르츠부터 갑자기 작동하고 20킬로헤르츠에서 갑자기 멈추는 것은 아니다. 다만, 소리에 대한 우리의 청각문턱threshold of audibility(들을 수 있는 소리의 최소 크기―옮긴이)이 방금 말한 가청 범위의 중간에서보다 가장자리에서 더 높은 것이다. 즉, 높은 음일수록 소리 크기가 더 커야 우리 귀에 들린다. 낮은

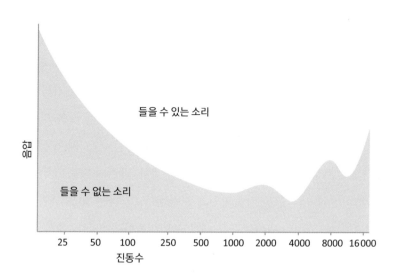

음도 마찬가지다. 정리하자면, 우리가 들을 수 있는 소리와 들을 수 없는 소리를 가르는 한계진동수 두 개가 있는 것이 아니라 208쪽의 그래프처럼 연속적인 청각문턱 곡선이 존재한다.

이와 같은 청각문턱 곡선이 존재하는 것은 청각기관이 우리의 발성기관이 생산하는 소리를 잘 듣도록 특화되어 있기 때문이다. 따라서 데이터 압축 과정에서 생략해도 되는 요소로 가장 먼저 가청 범위를 벗어난 소리 신호를 꼽을 수 있다. 그 신호들은 그냥 제거해도 된다. 그 다음으로 이른바 가림masking이라는 현상이 있다. 특정 진동수의 소리가 강하게 나면 유사한 신농수의 약한 소리는 완전히 압도되어 우리 귀에 들리지 않게 된다. 이를 가림이라고 한다. 가림이 일어날 때 우리는 강한 소리보다 훨씬 더 높거나 낮은 소리만 들을 수 있다. 요컨대 모든 소리 각각은 종 모양의 가림 구역을 거느리며 그 구역 안에서 다른 소리를 압도한다. 이론적으로 볼 때, 녹음 파일에서 그 구역 안에

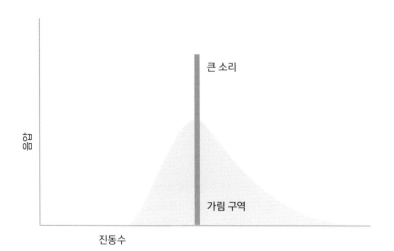

어떤 소리가 있든 간에 데이터 압축 과정에서 제거해도 무방하다.

　그림 압축에서와 마찬가지로 소리 데이터를 압축할 때도 소리의 질을 어떤 수준으로 보존할 것인지 결정할 수 있다. 데이터를 강하게 압축할수록 음질은 더 나빠진다. 소리 파일의 음질은 '초당 킬로비트 kilobit per second' 단위로 측정하는데 MP3 파일은 음질이 초당 128킬로비트 이상이어야 들을 만하다는 것이 어림규칙으로 통한다.

　그러나 모든 사람이 그렇게 평가하는 것은 아니다. 오디오 마니아들은 MP3를 몹시 헐뜯는다. 많은 이들은 MP3 파일이 고음질이라고 해도 원래 녹음의 재생과 구분할 수 있다고 호언장담한다. 심지어 청취자가 MP3와 원래 녹음의 차이를 주관적으로 알아채지 못하더라도 뇌는 MP3에 결여된 소리 신호를 채우기 위해 더 많은 일을 해야 한다는 주장까지 있다. 그러나 고음질 MP3와 원래 녹음을 비교하는 탄탄한 과학적 연구는 아직 이루어지지 않았으며, 널리 알려져 있듯이 고급 오디오 마니아들은 온갖 기이한 것을(예를 들어 케이블을 냉동실에 넣어두면 음질이 향상된다고) 믿는다.[•] 그럼에도 MP3의 시대는 이제 서서히 저무는 중일 가능성이 있다. 그 이유는 다양하다.

- 어느새 MP3보다 질적으로 우수한 압축 기술들이 개발되었다. 대표적으로 애플의 아이튠스 스토어 iTunes store에서 쓰이는 AAC가 있다.

● 개념의 혼동도 오디오 마니아들의 MP3 불신을 조장한다. 음향기술자들이 말하는 압축 compression은 대개 소리 데이터 압축이 아니라 다른 것을 의미한다. 즉, 음악에서 음량이 작은 대목과 큰 대목의 차이를 완화하여 주관적인 음량을 키우는 작업을 말한다. 팝음악에서 이런 압축은 대개 듣기에 매우 강력하지만 영혼이 없는 음악을 만들어낸다.

- 특별한 알고리즘을 이용하면 음악도 손실 없이 압축할 수 있다. 이를테면 무료로 공개된 FLAC 표준은 소리 데이터를 원래 크기의 절반으로 줄이면서도 정보는 잃지 않으며 스트리밍에도 이용할 수 있다.
- 마지막으로 데이터 저장 기술의 발전 덕분에 오늘날에는 소리 데이터의 크기가 사실상 문제가 되지 않는다. 웬만한 규모의 음악 컬렉션은 압축하지 않아도 평범한 컴퓨터 하드디스크에 담을 수 있다. 게다가 현재는 청취자가 음악을 직접 보유하지 않고 클라우드에 저장된 음악을 곧바로 재생하여 듣는 스트리밍이 대세가 되었다.

그러므로 오늘날 '워크맨'이 그러하듯이 몇 년 뒤에는 'MP3 플레이어'가 과거의 유물로 전락할 가능성이 충분히 있다. 데이터 압축 기술은 계속해서 중요한 구실을 하겠지만 미래에는 정말로 큰 데이터에 주로 적용될 것이다.

10장
사랑:
온라인 데이트 시대의 연애

나도 해봤다. 새천년이 시작될 무렵, 그러니까 2001년경에 한 온라인 데이트 사이트에 회원으로 가입하고 데이트를 원한다고 밝혔다. 성과는 참신하기도 했고 따분하기도 했던 데이트 몇 번, 그리 오래 가지 않은 파트너 관계 한 번, 아주 오래 유지된 우정 한 번이었다. 내가 인터넷을 통해 알게 된 사람과 이런저런 파티에 갔을 때 누가 우리에게 어떻게 알게 된 사이냐고 물으면, 우리는 대개 선뜻 대답하지 못했다. 당시에 '온라인 데이트'라는 단어는 아직 문란한 분위기를 풍겼고 온라인 중매 사이트는 거의 불륜 클럽과 동일시되었기 때문이다. 반면에 오늘날 온라인 중매는 대규모 시장을 형성했다. 미국에서 온라인 중매 시장의 규모는 연간 40억 달러에 달하며 미국 과학아카데미에 따르면 결혼 6건 중 1건이 온라인 중매로 이루어진다. 독일 정보기술업체들의 연합인 비트콤^{Bitkom}에 따르면 독일에서 온라인 데이트 서비스를 이용한 경험이 있는 사람은 900만 명이다.

직업훈련 중이거나 대학교에 다니는 젊은이들은 하루에 16시간을 열린 연애시장에서 보내는 것이나 마찬가지다. 그들은 주로 또래들과 함께 지내므로 파트너를 구할 기회가 충분히 많다. 반면에 매일 저녁 집에서 아이들을 돌보는 40세 싱글맘의 처지를 생각해보라. 그녀에게, 그리고 아직은 새 파트너를 사귈 희망을 품을 여력이 있는 많은 성인들에게 인터넷은 축복이다. 쪼들리는 빈곤이 넘쳐나는 풍요로 돌변한다. 여담이지만 이 변화가 꼭 좋은 것만은 아니다. 광고심리학이 알려주듯이 선택지가 너무 많으면 구매욕이 오히려 저하될 수도 있다. 인간관계에서도 선택의 고민이 깊어지면 데이트를 하고 돌아올 때마다 '아주 괜찮은 사람이었어. 하지만 내가 아직 만나지 못한 더 좋은 사람이 틀림없이 있을 거야'라고 생각하게 될 수 있다.

온라인 데이트 서비스는 온갖 취향의 고객을 겨냥한다. 무료 서비스와 유료 서비스, 이성애 전문과 동성애 전문, 노인용과 젊은이용 서비스가 있다. 어떤 서비스는 속박 없는 섹스를, 다른 서비스는 평생의 동반자를 약속한다. 일부 서비스에서는 사용자가 직접 회원들을 훑어보면서 잠재적 파트너를 선택한다.

이 작업을 가장 간단하게 할 수 있게 해주는 서비스는 틴더^{Tinder}다. 틴더 앱을 이용하면 스마트폰에 뜨는 다른 회원의 사진을 왼쪽(부정)이나 오른쪽(긍정)으로 미는 방식으로 결정을 내릴 수 있다. (실제로 여성은 남성 사진의 84퍼센트를 왼쪽으로 미는 반면 남성은 여성 사진의 54퍼센트만 왼쪽으로 민다.) 온라인 연애시장이 성장함에 따라 잠재적 파트너의 풀도 커졌다. 거주지, 나이, 키, 학력을 기준으로 걸러내도 충분히 많은 후보자들이 선별된다. 그러므로 후보자의 수를 줄이는 알고리즘이 필요하다. 그리고 당연히 중매 서비스는 '우리 알고리즘은 장기적인 연애 상대가 될 전망이 가장 높은 후보자를 찾아준다!'라고 진지하게 주장한다.

그런 알고리즘이 있을 수 있을까? 만약 있다면 어떻게 작동할까? 여기서 알고리즘의 과제는 아직 서로를 만난 적 없는 두 사람이 얼마나 어울릴지 평가하는 것이다. 그리고 외모만 보고 판단할 것이 아니라면 당연히 성격에 관한 데이터도 필요하다. 중매 서비스는 설문지를 통해 그 데이터를 얻는다. 일부 중매 서비스는 그 설문지를 자체 제작한다. 이 경우에 설문지는 대개 심리학자의 감수를 받으며, 그 심리학자는 설문지의 질문이 최신 연애학 지식에 기초해서 성격을(예컨대 웹사이트 이하모니 eHarmony가 주장하는 바로는) 29개의 기준으로 측정한다고 보증한다. 반면에 미국의 무료 사이트 오케이큐피드 OkCupid를 비롯한 다른 서비스에서는 모든 사용자가 질문을 제출할 수 있다. 그런 다음에 수많은 질문들 가운데에서 각자 자신이 대답할 질문을 선택할 수 있다.

온라인 데이트 서비스의 모든 회원이 그런 설문지를 작성했다고 가정해보자. 그 안에는 기본적인 인생관에 대한 질문, 영화와 책에 대한 개인적 취향을 묻는 질문, 성격에 관한 질문이 포함되어 있다. 요컨대 모든 회원 각각의 프로필을 컴퓨터에서 검색할 수 있다. 이 경우에 한 회원에게 어울리는 파트너를 어떻게 찾아낼 수 있을까?

얼핏 생각하면 이것은 추천 시스템(4장 참조)이 해결해야 할 문제와 유사한 듯하다. 파트너를 찾는 회원의 일반적인 요구 조건(원하는 파트너의 나이, 성별, 몸무게 등)에 부합하면서 프로필이 그 회원과 (4장에서 설명한 '거리'로 따질 때) 최대한 "가까운" 상대를 고르면 되지 않을까?

하지만 더 신중하게 생각해보자. 만일 그렇게 상대를 고른다면 우리는 유유상종(類類相從)의 원리를 받아들이는 셈이다. 포도주를 즐겨 마시는 사람은 포도주를 즐겨 마시는 상대와 가장 잘 어울리고, 헤비메탈 팬은 헤비메탈 팬과, 파티를 즐기는 남자는 파티를 즐기는 여자와 가장 잘 어울린다는 원리 말이다. 그러나 심리학 연구에 따르면 이 원리가 반드시 옳은 것은 아니다. 순전히 취향이 문제라면 서로 많이 일치하는 두 사람이 조화로운 관계를 맺을 개연성이 높을 수도 있다. 그러나 성격에 관해서는 두 사람이 유사하다는 것이든 상반된다는 것이든 그들의 관계가 얼마나 원만할지 예측하는 기준의 구실을 하기 어렵다. 우울한 두 사람이 꼭 조화로운 한 쌍을 이루는 것도 아니며 외향적인 사람은 조용하고 내성적인 사람과 사귀는 것이 바람직하다는 통념도 과학적 근거가 없다.

온라인 데이트 서비스 오케이큐피드는 자사가 어떤 원리와 알고리즘에 의해 어울림matching을 판정하는지를 웹사이트에서 솔직하게 설명한다. (반면에 대다수의 다른 서비스는 그 원리와 알고리즘을 공개하지 않는다.) 이제부터 오케이큐피드의 짝짓기 알고리즘의 원형(原形)을 살펴보자.

그 알고리즘은 "같은 사람들끼리 어울린다"는 전제도, "상반되는 사람들이 서로 끌린다"는 전제도 채택하지 않는다. 그 알고리즘은 간단히 모든 회원 각각에게 성격에 관한 질문을 하나씩 던지고 다음과 같은 세 질문에 대답하게 한다. 당신에게 맞는 대답은 무엇입니까? 당신의 파트너에게는 어떤 대답이 맞기를 바랍니까? 이 질문은 당신에게 얼마나 중요합니까? 이 질문들에 답함으로써 회원은 자신과 유사한 파트너를 찾을지, 또는 상반되는 파트너를 용인할지를 스스로 결정할수 있다. 또한 자신이 어떤 질문을 중요하게 여기고 어떤 질문을 사소하게 보는지 밝힐 수 있다. 이 대답에 기초해서 알고리즘은 0에서 100까지의 '어울림 백분율 값matching percentage'을 계산한다.

한 예를 보자. 스베냐는 파트너를 찾는 중이다. 그녀는 온라인 설문지에서 네 가지 질문에 대답했다.

질문1: 언젠가 자녀를 가지기를 원합니까? (가능한 대답: 예/아니오/모르겠음)

질문2: 신을 믿습니까? (예/아니오/불확실함)

질문3: 바람을 피운 적이 있습니까? (예/아니오)

질문4: 당신은 규칙적인 사람입니까? (매우 규칙적임/평범함/규칙적이지 않음)

스베냐는 나중에 반드시 자녀를 갖기를 원한다. 종교는 그녀의 삶에서 그리 중요하지 않으며, 규칙적인가 여부는 그녀가 크게 신경 쓰지 않는 문제다. 그리하여 스베냐는 다음과 같은 프로필을 작성한다.

스베냐	당신의 대답	당신이 원하는 파트너의 대답	질문의 중요도
질문 1	예	예	250
질문 2	불확실함	상관없음	1
질문 3	아니오	아니오	10
질문 4	평범함	매우 규칙적임, 또는 평범함	10

질문의 중요도는 다음과 같이 네 등급으로 매겨진다.

"(이 질문은 나에게) 중요하지 않다"―0점

"어느 정도 중요하다"―1점

"중요하다"―10점

"매우 중요하다"―250점

보다시피 중요도 점수는 선형으로 증가하지 않고 지수적으로 증가한다. 따라서 중요도가 최고 등급인 질문은 말하자면 '치명적인 기준'으로 기능한다. 그 질문에 스베냐가 바라는 대로 대답하지 않은 회원은 그녀의 파트너로 선택될 가망이 없다.

이제 어울림 판정 알고리즘은 스베냐가 제시한 기본 요구사항에 부합하는 모든 남성들이 위 질문에 어떻게 대답했는지에 기초해서 어울림 백분율 값을 계산한다. 구체적으로 젊은 남성 두 명의 프로필을 보자.

마르크는 극단적으로 질서를 추구하는 사람이다. 지저분한 것이라면 딱 질색이다. 또한 자녀를 갖기를 진지하게 원한다. 그리고 종교는 그의 삶에서 전혀 중요하지 않다.

마르크	당신의 대답	당신이 원하는 파트너의 대답	질문의 중요도
질문 1	예	예, 또는 모르겠음	10
질문 2	아니오	상관없음	0
질문 3	예	상관없음	1
질문 4	매우 규칙적임	매우 규칙적임, 또는 평범함	250

반면에 토르스텐은 신앙심이 깊다. 파트너를 배신하지 않는 것은 그에게 무엇보다도 중요하다. 대신에 질서와 규칙에 대해서는 관대하다. 그는 자녀를 낳아 이 나쁜 세상에서 살게 하는 것은 바람직하지 않다고 생각한다.

토르스텐	당신의 대답	당신이 원하는 파트너의 대답	질문의 중요도
질문 1	아니오	아니오, 또는 모르겠음	10
질문 2	예	예, 또는 불확실함	10
질문 3	아니오	아니오	250
질문 4	규칙적이지 않음	상관없음	0

이제 두 남성이 스베냐의 바람에 얼마나 부합하는지 살펴보자. 그들이 한 질문에 스베냐가 바라는 대로 대답하면 스베냐가 그 질문에 매긴 중요도만큼의 점수를 얻는다. 그러므로 네 가지 질문에 답함으로써 얻을 수 있는 최고 점수는 271점이다. 마르크의 대답은 질문 1, 2, 4에서 스베냐의 바람에 부합한다. 따라서 그의 점수는 271점 만점에 261점, 백분율로 96.3퍼센트다. 반면에 토르스텐은 질문 2, 3에서만 스베

냐가 바라는 대로 대답한다. 따라서 그의 점수는 겨우 11점, 백분율로 4퍼센트다. 그는 무엇보다도 자녀를 가질 생각이 없기 때문에 경쟁에서 탈락한다.

그러나 지금까지 우리는 남성들이 스베냐의 바람에 얼마나 부합하는가만 살펴보았다. 하지만 입장을 거꾸로 바꿔서 살펴보면 어떨까? 스베냐는 남성들의 바람에 부합할까?

마르크의 기준에서 잠재적 파트너가 받을 수 있는 최고 점수는 261점인데 스베냐는 모든 질문에 마르크가 바라는 대로 대답하여 261점 만점, 100퍼센트를 얻는다. 토르스텐의 기준에서 보면 역시나 스베냐의 자녀 계획이 토르스텐의 바람과 어긋난다. 그러나 토르스텐은 이 문제를 그리 중시하지 않는다. 그래서 스베냐는 270점 만점에 260점, 96.2퍼센트라는 꽤 높은 점수를 얻는다. 이 예에서 보듯이 A는 B의 마음에 드는데 B는 A의 마음에 들지 않는 경우가 얼마든지 있을 수 있다. 연애시장에서 잘 알려진 현상 하나는 여성에 비해 남성이 훨씬 덜 까다롭다는 것이다.

이제 스베냐와 마르크(또는 토르스텐) 사이의 어울림 값을 계산할 차례인데 스베냐의 관점에서 마르크가 얻은 퍼센트 값과 마르크의 관점에서 스베냐가 얻은 퍼센트 값의 산술평균arithmetic mean을 그 값으로 삼을 수도 있을 것이다.

그러나 오케이큐피드는 기하평균geometric mean을 계산한다. 즉, 두 퍼센트값을 곱한 결과의 제곱근을 계산한다. 그렇게 하면, 스베냐와 마르크 사이의 어울림 값은 98.1퍼센트라는 매우 높은 값으로 나온다. 반면에 스베냐와 토르스텐 사이의 어울림 값은 겨우 19.8퍼센트다. 스베냐는 언젠가 자녀를 가질 계획이다. 그러니 설령 토르스텐이 질문1에 "모르겠음"이라고 답했더라도 그와 스베냐 사이의 어울림 값은 향상되지 않았을 것이다.

오케이큐피드는 회원들에게 영원한 사랑을 약속하는 중매 사이트가 아니다. 오케이큐피드의 어울림 값은 가능한 파트너들의 어마어마한 수를 어떤 식으로든 줄이기 위해 필요한 필터라고 보는 것이 합리적이다. 아마 오케이큐피드의 창업자들조차도 그 값에 현실 연애의 귀추를 미리 알려주는 힘이 있다고 믿지 않을 것이다. 웹사이트를 통해 맺어진 3만 5000쌍을 내상으로 삼은 한 연구에 따르면 관계의 장기적 지속과 가장 높은 상관성을 나타낸 질문은 이것이었다. "당신은 공포영화를 좋아합니까?"

오직 당사자의 진술에만 기초해서 계산한 어울림 값이 두 사람이 얼마나 잘 어울리는지를 정말로 충실하게 반영하는지에 대해서 여러 이유로 의문을 품을 수 있다.

사람은 자신이 어떤 사람에게 매력을 느끼는지 그리 잘 알지 못한다. 또한 자신이 중시한다면서 내놓은 조건이 실제 파트너 선택에서 반드시 중시되는 것도 아니다. 이를테면 어떤 남성 회원은 학력이 대졸이며 정치 성향은 좌파자유주의인 금발 여성을 좋아한다고 해놓고 실제로는 과감하고 보수적이며 고졸인 갈색머리 여성을 계속 클릭할 수도 있다. 많은 웹사이트들은 이런 클릭 행태를 관찰하고 조만간 잠재적 파트너 추천에 반영한다.

또 하나의 문제는 수요와 공급의 균형이다. 현실에서는 파티에서 매력적인 여성 한 명을 남성 열 명이 둘러싸고 있으면 나중에 도착한 남성은 다른 문제를 떠나서 일단 자리가 없기 때문에 차라리 인기 없는 여성을 향하게 된다. 반면에 인터넷에서 남성 회원은 자신보다 훨씬 더 매력적인 남성들이 한 여성에게 구애하고 있다는 사실을 알 길이 없다. 그러니 누구나 카사노바를 자처하면서 이상적인 여성에게 접근할 수 있다.

또한 여성은 본인이 나이를 먹으면 이상적인 파트너의 나이도 높이는 반면 남성은 나이와 상관없이 20대 여성을 선호한다. 적어도 오케이큐피드의 창업자 크리스천 러더가 온라인 데이트에 관해서 쓴 책 『데이터클리슴 *Dataclysm*』에 따르면 그러하다. 그는 자기 사이트의 회원으로 하여금 이성 회원들의 매력을 평가하게 했다. 그리고 방금 언급한 결론에 이르렀다.

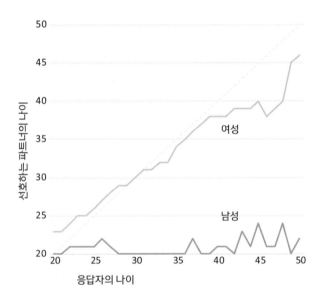

어느 온라인 데이트 서비스에서나 매우 매력적인 소수의 회원들이 대다수 회원들의 구애를 집중적으로 받는다. 이 문제 하나 때문에라도 서비스 운영자는 어울림 판정 알고리즘에 개입하여 평범한 회원들의 순위를 몇 단계 끌어올려야 한다. 그러면 매력이 대등한 회원들이 짝지어져 더 현실적인 데이트가 성사될 가능성이 높아진다.

어울림 판정 알고리즘이 골라준 상대가 우리의 마음에 들어서 함께 흥미로운 대화를 나누고, 어쩌면 더 많은 일을 하면서 즐거운 저녁을 보낼 수만 있다면 어떤 불만도 있을 리 없다. 그러나 발생할 가능성을 배세할 수 없는 최악의 사태는(내가 직접 경험한 적이 있다) 약속장소에 들어선 상대가 자리에 채 앉기도 전에 이 사람은 영 아니라는 확신이 드는 것이다. 꼭 그 상대의 온라인 프로필에 허위가 수두룩하고 옛날 사진이 게재되어서 그런 사태가 발생하는 것은 아니다. 인간관계에는 아무리 이메일을 주고받더라도 직접 만나기 전에는 알아챌 수 없는 케미chemie라는 것이 있다. 훌륭한 글 솜씨는 단지 훌륭한 글 솜씨를 증명할 따름이다.

그렇기 때문에 한 번도 만난 적 없는 두 사람이 오랫동안 만족스러운 관계를 맺을 수 있을지 예측할 수 있다는 일부 온라인 데이트 사이트의 자신만만한 주장은 더욱 의심스럽다. 그 사이트들은 인터넷의 역사보다 훨씬 더 오래된 연애학의 성배를 손에 쥐었다고 주장하는 셈이다.

2012년에 심리학자 엘리 핀켈은 그러한 주장을 80년에 걸친 심리학 연구에 비추어 검증하는 논문을 발표하여 많은 주목을 받았다. 그가 도달한 결론은 대다수 중매 사이트들이 너무 자신만만하다는 것이다.

중요한 것은 알고리즘의 질이 아니라 원리적 한계다. 어울림 판정 알고리즘은 파트너의 개인적 속성들이 (객관적인 속성이든, 본인이 스스로 밝힌 속성이든 간에) 관계의 성패를 결정한다고 전제한다. 그러나 핀켈에 따르면 이 같은 '어울림 판정'은 원만한 관계를 위한 세 요소 중 하나일 뿐이며 가장 중요한 요소가 아니다. 서로 비슷한 사람끼리는 즐겁게 관계를 맺을 가능성이 있다. 그러나 그들이 그 관계를 오래 유지할 것인지는 전혀 다른 문제다. 개인적인 선호와 속성보다 훨씬 더 중요한 것은 두 사람 사이의 소통, 그리고 두 사람이 위기와 운명의 장난을 어떻게 견뎌내느냐 하는 것이다. 그런데 두 사람이 아직 만난 적이 없다면 방금 말한 두 요소를 어떻게 판정할 수 있겠는가? 관계의 돈독함을 증명해줄 사건이 아직 닥치지 않은 상황에서 그 판정이 과연 가능할까?

개인적 속성의 차원에서 파트너 후보자가 장기적인 관계를 맺기에 적합한지 예측할 수 있게 해주는 몇 가지 인자가 실제로 있다. 그중 하나로 신경증성향 neuroticism이 있다. 예민하고 늘 불만이 있으며 스트레스를 잘 받는 사람은 연애에 실패하는 경우가 많다. 게다가 그런 실패는 파트너의 속성과 무관하게 매번의 연애에서 발생한다. 몇몇 온라인 데이트 서비스는 그런 '문제 인물'을 (정작 중매가 필요할 만한 사람은 바로 그런 인물인데도) 회원 가입 단계에서부터 배척하기도 한다. 이런 문제는 '어울림'과 아무 상관이 없다.

비슷한 사람들이 서로 잘 어울리는가, 아니면 상반되는 사람들이 서로에게 매력을 느끼는가라는 질문에 심리학은 어떻게 대답할까? 실제 파트너 선택에서는 유사성이 선호된다. 사람들은 자신과 외모가 닮고

견해와 취미가 유사한 상대를 선택한다. 그러나 관계가 오래 지속할지는 유사성에 기초하여 예측하기 어렵다. 좋은 파트너 관계를 맺은 두 사람이 각자 고유한 관심을 추구하는 경우도 얼마든지 가능하다. 또한 사람들은 변화한다. 많은 연인들은 견해와 습관이 서로 닮아가서 몇 년이 지나면 처음보다 더 비슷해진다. 핀켈에 따르면, 최초의 유사성이 장기적인 관계에 이로운 경우는 단 하나뿐인데, 그것은 "가정 내부의 조화와 직접 관련이 있는 가치관"의 유사성, 예컨대 "종교와 남녀 역할에 대한 견해"의 유사성이다.

결론적으로 핀켈은 중매 사이트들이 나름대로 매우 유용하다고 말한다. "온라인 데이트 서비스는 아마도 서로 만난 적이 없는 두 사람을 연결해주어 그들이 신속하게 직접 만나 서로를 더 명확하게 알 수 있게 해줄 때 최선의 기능을 하는 것이다." 간단히 말해서 서로 이메일과 메시지를 주고받는 단계를 오래 끌지 말고 신속하게 직접 상대와 만나라는 것이다. 그러면 둘이 관계를 맺을 만한지 금세 알아챌 수 있으니까 말이다.

그러나 핀켈은 어울림 판정 알고리즘에 대해서는 원리적인 이유에서 매우 부정적인 평가를 내린다. "연애 관계에 관한 경험적 문헌들을 훑어보면 중매 사이트들이 스스로 짊어진 과제가 사실상 수행 불가능하다는 생각이 든다."

관계를 오래 유지해온 많은 쌍들이 위기 극복과 연대감 강화에 이롭다고 말하는 하나의 인자는 유머다. 두 사람이 동일한 사안을 두고 웃을 수 있으면, 그들은 곧바로 훨씬 더 친밀해진다. 미국 대학생 줄리아 카민은 이 사실에 착안하여 어울림 판정 알고리즘을 고안했다. 그녀의 온라인 데이트 사이트 makeeachotherlaugh.com의 회원들은 웃음을 자아내는 만화, 사진, 동영상에 평점을 매긴다. 그러면 그 사이트는 오직 그 평점만을 기준으로 어떤 회원이 어떤 회원과 어울리는지 판정한다.

11장
학습:
인공지능을 향하여

우리의 뇌는 컴퓨터가 아니다. 두개골을 열고 샅샅이 살펴보아도 우리의 생각과 느낌을 조종하는 알고리즘을 발견할 수는 없다. 물론 신경세포의 생물학적 활동을 알고리즘이라고 칭할 수도 있을 것이다. 이를테면 다른 신경세포들로부터 특정 패턴의 전기화학적 신호를 받은 한 신경세포가 전기 임펄스를 송출한다는 설명을 덧붙이면서 말이다. 그러나 이런 식이라면 모든 자연법칙을 알고리즘으로 칭할 수 있다. (내가 사과를 손에 쥐고 있다가 놓으면 사과가 바닥으로 떨어지는 것도 알고리즘의 조종에 의해 일어나는 현상이라고 할 수 있다.) 더구나 뇌 속의 모든 신호를 제어하는 중앙통제소 같은 것은 없다. 뇌가 하는 일을 계산이라고 부를 수 있다면 그 계산은 철저히 분산된, 탈중심화된 계산이다. 그 계산에서 모든 각각의 '프로세서'는 오직 바로 곁의 이웃들만 알며 특정한 규칙에 따라 이웃들이 보내는 "입력"에 반응한다. 시작과 끝이 있는 프로그램 따위는 없다. 물론 모든 인간의 총체적인 프로그램은 언젠가 작동하기를 그치지만 말이다.

이런 이유로 나는 인간이나 동물의 뇌가 작동하는 방식을 모방하려 하는 이른바 '신경망^{neural network}'을 이 책에서 다뤄야 할지 한동안 망설였다. 한편으로 신경망은 가장 높은 층위에서는 어떤 알고리즘에도 복종하지 않는다는 점에서 뇌와 유사하다. 어떻게 신경망이 디지털 사진 한 장을 입력으로 받아서 "고양이"라는 단어를 출력하는지에 관한 일반 규칙을 제시할 수 있는 사람은 아무도 없다. 이런 의미에서 신경망은 블랙박스다. 블랙박스의 행동을 탐구하는 유일한 방법은 수많은 입력을 넣어주고 출력을 관찰하는 것뿐이다. 다른 한편으로 신경망은 디지털 컴퓨터에서 구현되며 따라서 가장 낮은 층위에서는 순차적인 알고리즘에 복종한다. 신경망을 제작하고 훈련시킬 때에도 알고리즘이 동원된다. '역전파 알고리즘^{backpropagation algorithm}'과 같은 것들이 사용되는데 이에 대해서는 곧 자세히 다룰 것이다. 어쨌든 신경망이 규칙에 구애받지 않는 이례적인 능력을 얻는 것은 알고리즘들 덕분이다.

하지만 이 책에 신경망을 포함시키는 것을 더 간략하게 정당화할 수도 있다. 오늘날 신경망은 인공지능 분야에서 최첨단 프로그램이다. 신경망은 컴퓨터가 언어를 이해할 수 있게 해주고 자율주행차를 운전한다. 또한 이 책에서 다루는 많은 분야(6장에서 다룬 예측 분석 등)에서 신경망은 엄격한 규칙에 기초하여 결과를 내놓는 알고리즘을 보완하거나 대체하는 중이다. 그러므로 알고리즘을 다루는 책을 쓰면서 신경망의 발전을 간과한다면 그것은 불완전한 저술이라고 할 만하다.

뇌는 어떻게 작동할까? 이 질문은 오늘날 과학이 여전히 골몰하는 커다란 문제들 중 하나다. 심지어 십억 유로가 넘는 거금이 투입되는 연구 프로그램까지 진행될 정도다. 스위스 로잔 연방 공과대학의 헨리 마크램이 지휘하는 그 프로그램에 참여하는 과학자들의 목표는 인간 뇌의 구조를 개별 세포 수준까지 완벽하게 모방하는 것이다. 반면에 신경망 제작자들은 뇌를 그 정도까지 "자연에 충실하게" 모방하려 하지 않는다. 신경망은 인간의 정보처리 원리 몇 개를 빌려서 이용할 따름이다.

- 뇌는 개별 신경세포(뉴런)의 연결망이며 신경세포들은 제각각 독립적으로 매우 단순한 '계산 과제'를 수행한다.
- 뉴런은 연결선(시냅스)을 통해 서로 연결되어 있으며 연결선은 신호를 한 방향으로 전달한다.
- 한 뉴런은 다른 많은 뉴런들로부터 신호를 받는다. 뉴런은 그 신호를 합산하여(이 합산은 수학적인 의미의 덧셈이 아닐 수도 있다) 그 결과가 특정한 문턱값을 초과하면 스스로 신호를 송출한다("점화한다").
- 신호는 흥분 효과를 일으킬 수도 있고 억제 효과를 일으킬 수도 있다.
- 자주 쓰이는 시냅스는 시간이 경과함에 따라 강화된다. 그러면 그 시냅스를 통과하는 신호는 드물게 쓰이는 시냅스를 통과하는 신호보다 더 큰 영향력을 발휘한다. 이를 '학습'이라고 한다.

요컨대 뇌는 '자기 조직 시스템self-organizing system'이다. 물론 우리가 전혀 준비되지 않은 연결망을 가지고 세상에 태어나는 것은 아니다. 인간은 어떤 시점에서도 백지 상태가 아니다. 그러나 뇌의 변화를 배후에서 조종하는 프로그램 따위는 없다. 인간은 오로지 "입력", 곧 감각 기관에서 유래한 신호를 통해서, 그리고 시행착오를 통해서 학습한다. 그 바탕에는 궁극적으로 통계가 있다. 어린아이는 "물"이라는 단어를 계속 반복해서 들으면서 그 음향학적 인상과 물의 개념을 연결하는 법을 학습한다.

단순한 인공 신경망을 제작하려는 최초 시도들은 1940년대까지 거슬러 올라간다. 생물학적 뇌에 대한 연구가 발전하면서 과학자들은 뇌의 작동 방식을 인공 신경망으로 이전할 수 있을지 숙고했다. 인공지능 개척자들 중 하나인 마빈 민스키는 1951년에 박사논문을 위한 연구의 일환으로 신경컴퓨터 neurocomputer 의 원형(原型)을 제작했다. 1958년에 〈뉴욕 타임스〉지는 미국 해군의 프로젝트 하나를 보도했다. 개발 중인 "학습하는 컴퓨터"가 50번의 시도 끝에 왼쪽과 오른쪽을 구분하는 과제를 해결했다는 것이었다. 그 프로젝트에 참여한 과학자들은 1년 안에 "생각하는 컴퓨터"를 제작할 계획이었고 관련 예산은 10만 달러였다.

인공지능의 역사는 이런 과장된 호언장담으로 가득 차 있다. 생각하는 컴퓨터, 자기의식을 가진 컴퓨터, 인간을 능가하는 컴퓨터가 곧 나온다는 이야기가 항상 있었다. 그러나 실제 성과는 없었다. 방금 언급한 미 해군의 프로젝트에서도 마찬가지였다. 그러던 1969년, 얄궂게도 인공지능 개척자 마빈 민스키가 시모어 페퍼트와 함께 『퍼셉트론 Perceptrons』이라는 책을 썼다. 많은 이들은 그후 20년 동안 신경망 연구가 사실상 중단된 것이 바로 이 책 때문이라고 여긴다. 이 책은 '퍼셉트론'이라는 간단한 신경망의 능력을 수학적으로 분석하는 내용이었으며 그 신경망이 원리적인 이유 때문에 많은 과제를 해결할 수 없음을 증명했다. 하지만 진보를 가로막은 기술적 이유도 있었다. 당시 신경망은 뉴런을 모방한 개별 전자부품을 이용해 물리적으로 제작된 것이 아니라 전통적인 컴퓨터에서 시뮬레이션되었다. 그리고 이렇게 만들어진 신경망은 신경세포의 개수가 작은 문턱 값만 넘어도 한계에 봉착했다.

1980년대 초에 존 홉필드는 새로운 연결망 구조를 개발했다. 그는 뉴런의 층을 여러 개 도입함으로써 민스키와 페퍼트가 지적한 제약을 제거했다. 그리고 이른바 역전파 알고리즘이 개발되면서 신경망 학습의 표준 방식도 완성되었다. 이어질 대목들에서 나는 그 학습 방식을 설명할 것이다.

한 예로 어두운 숲속의 '빨간모자'를 생각해보자. 우리의 신경망은 빨간모자를 안전하게 보호해야 한다. 특히 빨간모자가 늑대의 먹이가 되는 것을 막아야 한다. 나는 이 빨간모자 이야기를 윌리엄 존스와 조사이어 호스킨스가 1987년 〈바이트^{Byte}〉지에 발표한 글에서 빌려왔는데 여기에는 빨간모자를 구해주는 착한 나무꾼도 등장한다(독일어 이야기에서는 착한 사냥꾼이 등장하지만).

그런데 신경망은 개별 인물을 식별하지 못한다. 신경망은 단지 몇 가지 신체 속성에 기초하여 빨간모자의 행동을 결정해야 한다.

- 늑대는 귀와 눈과 이빨이 크다. 늑대와 마주치면 빨간모자는 비명을 지르며 달아나면서 나무꾼을 찾아야 한다.
- 할머니는 눈이 크고 주름살이 많고 친절하다. 할머니가 눈에 띄면 빨간

모자는 할머니에게 다가가 뺨에 입 맞추고 가져온 음식을 드려야 한다.
– 나무꾼은 귀가 크고 친절하며 또한 매력적이다. 빨간모자는 나무꾼에게 다가가서 음식을 주고 유혹해야 한다. (이 이야기가 20여 년 전에 지어졌다는 점을 이 대목에서 확연히 알 수 있다. 요새 이야기에서 아동과 성인의 연애가 나온다면 독자는 격분할 것이다.)

금세 알 수 있듯이 감각 인상과 바람직한 행동 사이의 관계가 전혀 단순하지 않다. 귀가 큰 상대는 늑대일 수도 있고 나무꾼일 수도 있다. 따라서 그 상대의 다른 속성들이 어떠한지에 따라서, 빨간모자는 전혀 다르게 반응해야 한다.

규칙에 기초를 둔 고전적 인공지능에서는 빨간모자의 행동을 제어하는 알고리즘을 위 규칙으로부터 곧바로 고안할 수 있다. 이를테면 "마주친 상대가 귀와 눈과 이빨이 크다면, 비명을 지르고, 달아나고, 나무꾼을 찾아라" 하는 식으로 말이다. 이런 알고리즘은 신속하게 프로그래밍할 수 있고 정확한 결과가 나온다. 위의 세 조건이 주어지지 않으면 빨간모자는 어떤 행동도 하지 않는다.

빨간모자의 바람직한 행동을 신경망에게 학습시키려면 우선 신경망의 모양을 정해야 한다. 가장 단순한 모양은 "층"이 2개 있는 신경망이다. 그 신경망은 마주친 상대의 속성에 대응하는 입력세포 6개와 빨간모자가 취할 수 있는 행동에 대응하는 출력세포 7개를 가진다.

모든 입력세포 각각은 모든 출력세포들과 연결되어 있으며 처음에 그 연결들은 특정한 "가중치"—연결의 세기를 나타내는 수치—를 부여받는다. 일단 그 가중치들을 비교적 작은 값으로 아무렇게나 설정하

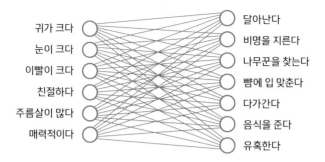

자. 이제 신경망의 훈련이 시작된다. 다행히 이 훈련은 단 한 번의 실수로 목숨을 잃을 수 있는 숲속에서 진행되지 않아도 된다. 우리는 빨간모자가 마주칠 상대의 속성을 잘 알고 있기 때문에 모든 상황을 빨간모자의 거실에서 안전하게 시뮬레이션할 수 있다.

논의를 단순화하기 위해 빨간모자가 만나는 각각의 상대가 여섯 가지 속성 각각을 가지거나 가지지 않았다고 전제하자. 즉, 입력세포의 값은 0이거나 1이다. 약간 주름살이 많거나 반쯤 매력적인 상대는 없다. 이제 신경망은 늑대, 할머니, 나무꾼의 입력 값을 가지고 훈련을 시작한다. 알다시피 그 값은 아래와 같다.

늑대: (1, 1, 1, 0, 0, 0)
할머니: (0, 1, 0, 1, 1, 0)
나무꾼: (1, 0, 0, 1, 0, 1)

특정 상대 앞에서 빨간모자가 취해야 하는 바람직한 행동도 0과 1로 표현할 수 있다. 즉, 빨간모자가 약간 달아나거나 약간 유혹하는 것은 바람직한 행동이 아니다.

늑대: (1, 1, 1, 0, 0, 0, 0)
할머니: (0, 0, 0, 1, 1, 1, 0)
나무꾼: (0, 0, 0, 0, 1, 1, 1)

입력 값 각각은 입력세포에서 모든 출력세포들로 전달되는데, 그 과정에서 연결 각각의 가중치가 곱셈된다. 따라서 7개의 출력뉴런 각각에 6개의 수치가 도착하고 그 수치들은 합산된다. 만일 그 합이 특정문턱(이를테면 2.5)을 넘는다면, 그 뉴런은 '점화한다.' 바꿔 말해, 빨간모자는 그 뉴런에 대응하는 행동을 한다.

먼저 빨간모자가 늑대와 마주친 상황을 생각해보자. 연결의 가중치가 아무렇게나 설정되어 있으므로 빨간모자의 행동도 당연히 아무렇게나 결정된다. 신경망의 학습이 이루어지려면 우리는 그 무작위한 행동을 바람직한 행동(달아나기, 비명 지르기, 나무꾼 찾기)과 비교하면서 연결의 가중치를 조정해야 한다.

이 대목에서 그 가중치 조정을 위한 델타 규칙^{delta rule}을 공식으로 제시할 필요가 있지만 그 대신에 그냥 말로 설명해보겠다. 출력뉴런 각각에 대해서 계산 값과 바람직한 값의 차이, 곧 현실과 당위의 차이를 계산한다. 이 차이를 감안하여 연결의 세기를 조정한다. 단, 행동 유발에 기여한 입력뉴런으로 이어진 연결에 대해서만 그렇게 한다. 즉, 늑대의 경우에는 처음 3개의 입력세포들(눈이 크다, 귀가 크다, 이빨이 크다)과 7개의 출력세포들 사이 연결들만 조정되고, 나머지 연결들은 조정되지 않는다.

다음으로 빨간모자가 할머니와 마주친 상황을 놓고 똑같은 작업을 하고, 이어서 나무꾼과 마주친 상황을 놓고 똑같은 작업을 하고, 다시 늑대와 마주친 상황을 놓고 똑같은 작업을 계속 반복한다. 상황의 순서는 임의로 정해도 된다. 델타 알고리즘은 매번 뉴런 간 연결의 세기를 변화시킨다. 우리가 이 훈련에서 바라는 바는 언젠가 신경망이 안정화되고 실제로 바람직한 행동을 산출하는 것이다.

나는 이 신경망 훈련을 실험해보았다. 실제로 신경망은 그리 많지 않은(약 15회) 시도 끝에 상당한 안정성에 도달했고 바람직한 행동을 정확히 산출했다. 아래 그림은 내가 훈련시킨 신경망의 가중치를 정확히 보여주는 대신에 연결선의 굵기와 명암으로 대략 보여준다.

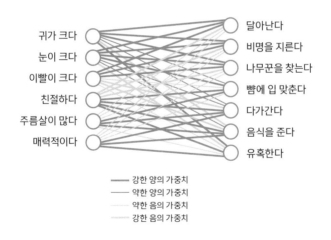

그러나 이렇게 입력세포와 출력세포를 직접 연결한 신경망은 현실에 존재하지 않는다. 항상 최소한 하나의 "숨은" 뉴런 층이 존재한다. 아래의 신경망에는 뉴런 3개로 이루어진 층이 추가되어 있다. 그 뉴런들은 늑대, 할머니, 나무꾼을 나타낸다. 이렇게 한 층을 추가하면 연결의 개수가 약간 줄어들고 무엇보다도 행동의 배정이 더 간단해진다.

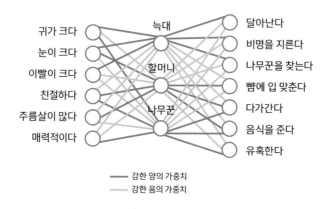

이 신경망의 훈련을 위해서는 델타 규칙만으로 충분하지 않다. 왜냐하면 한 출력뉴런으로 들어오는 연결선 하나가 어떤 입력뉴런에서 나오는지 명확히 지목할 수 없기 때문이다. 이런 경우에 연결의 세기를 재조정하는 작업은 앞서 언급한 역전파 알고리즘에 따라 이루어진다. 이때 흥미로운 점은 이것이다. 나는 중간층에 속한 뉴런에 "늑대", "할머니", "나무꾼"이라는 명칭을 부여할 필요가 전혀 없다. 신경망이 스스로 알아서 이 항목들을 만들어낸다!

그런데 이런 질문이 떠오를 만하다. 대체 왜 이렇게 복잡한 훈련 프로그램을 실행하는 것일까? 우리는 모든 규칙을 이미 알고 있지 않은가? 당연한 말이지만, 현실에서 신경망은 규칙은 알려져 있지 않고 단지 한정된 개수의 훈련용 입력에 대한 모범 출력만 알려져 있는 상황에 적용된다. 예컨대 신경망이 동물 사진을 (디지털 픽셀의 집합의 형태로) 보고 그 동물의 이름을 알아맞히는 법을 학습해야 한다고 해보자. 우리는 신경망에게 고양이는 귀가 뾰족하고 쥐는 갈색이라고 알려주지 않는다. 또한 신경망도 특정 사진을 보면서 "고양이"라고 정확하게 명칭을 대고서도 어떤 근거로 그렇게 식별했는지 우리에게 알려줄 수 없다. 그러나 신경망은 학습한 바를 새로운 사진에 적용하여 거기에서도 고양이와 쥐를 식별할 수 있다.

빨간모자–신경망에서도 우리는 단 세 가지 예를 가지고 그 신경망을 훈련시켰다. 그러나 그 신경망에 들어올 수 있는 입력은 (0, 0, 0, 0, 0, 0)부터 (1, 1, 1, 1, 1, 1)까지 총 64가지다. 그리고 이 입력 각각에 대해서 신경망은 하나의 출력을 산출할 것이다. 이 대목에서 고개를 갸우뚱하는 독자도 있을 것이다. 세 가지 예만 가지고 훈련한 신경망이 과연 64가지 입력에 적절히 반응할 수 있을까?

한 예로 늑대가 선글라스를 착용하고 매우 친절하게 굴면 어떤 일이 벌어질지 생각해보자. 이 상황은 입력 값 (1, 0, 1, 1, 0, 0)에 해당한다. 내가 훈련시킨 신경망이 이 입력을 받고 내놓은 출력을 말로 설명하면 이러하다. 즉, 늑대에 대한 올바른 반응(달아나기, 비명 지르기, 나무꾼 찾기)의 경향이 어느 정도 나타나지만 유혹하기를 향한 충동도 강하게 나타난다. 변장한 늑대가 빨간모자–신경망을 혼란시킨 모양인데 이것도 납득할 만한 반응이다.

엄밀히 따지면 우리는 신경망이 무엇을 학습하는지에 대해서 아무 말도 할 수 없다. 훈련용 예들(이를테면 사진들)을 부적절하게 선택할 경우 훈련을 거친 신경망이 훈련용 사진들을 완벽하게 식별하면서도 새로운 사진들을 보여주면 형편없는 식별 솜씨로 우리를 실망시키는 일이 벌어질 수 있다. 인공지능 업계에서 자주 거론되는 일화가 있다. 물론 이 일화가 사실에 근거를 둔 것인지 나는 모른다. 한때 미군은 사진 속의 위장된 탱크를 식별하는 신경망을 개발한 적이 있다. 개발자들은 탱크가 숨어 있는 숲을 촬영한 사진 100장과 그냥 숲을 촬영한 사진 100장을 준비해서 전자 50장과 후자 50장으로 신경망을 훈련시켰다. 그리하여 신경망은 전자와 후자를 완벽하게 가려낼 수 있게 되었다. 그러자 개발자들은 신경망이 아직 보지 못한 나머지 사진 100장을 보여주었고 신경망은 그 사진들에 대해서도 완벽한 식별 솜씨를 발휘했다. 개발자들은 감격하면서 그 자랑스러운 결과물을 국방부로 보냈다. 그러나 얼마 지나지 않아 그들은 국방부로부터 실망스러운 편지를 받았다. 다른 새로운 사진들을 가지고 검사한 결과 그 신경망이 위장된 탱크를 식별하는 솜씨는 동전던지기로 정답을 찍어서 맞히는 솜씨보다 더 나을 것이 없다는 내용이었다.

대체 무슨 일이 벌어진 것일까? 알고 보니 개발자들이 신경망의 훈련과 검증에 사용한 사진 200장 중에 100장은 특정한 날에, 나머지 100장은 또 다른 특정한 날에 촬영된 것이었다. 탱크가 포함된 사진들은 흐린 날에, 탱크가 없는 사진들은 맑은 날에 촬영되었다. 신경망은 실제로 학습한 바가 있었다. 즉, 맑은 하늘과 흐린 하늘을 구분하는 법을 학습한 것이다.

거듭 말하지만 이 일화가 사실임을 보여주는 신뢰할 만한 출처는 없다. 그러나 설령 허구라 하더라도 이 일화는 훌륭한 허구다. 우리는 신경망이 무엇을 학습하는지를 정확히 알지 못하며 훈련용 예들을 선정할 때 그것이 숨은 변수를 포함하지 않도록 주의하고 또 주의해야 한다.

신경망의 행동을 기술하는 명시적인 규칙이 존재하지 않기 때문에 신경망을 비판하는 것도 어려운 일이다. 대출 신청자의 신용도 평가를 신경망에게 맡긴다고 해보자(153쪽 참조). 신경망이 평가의 근거를 대지도 못하면서 당신의 신용도를 낮게 평가하여 대출을 거부해도 될까? 소프트웨어에게 자기 판단의 근거를 댈 것을 요구하는 법규들이 점점 더 많이 제정되는 추세다.

때때로 신경망이 산출하는 결과 앞에서 그 개발자는 매우 곤혹스러워 한다. 사진 공유 사이트 플리커^{Flickr}가 사진 식별에 투입했던 한 신경망은 피부색이 검은 남성을 "원숭이"로 식별했다. 다하우^{Dachau} 강제수용소의 정문, "노동하면 자유로워진다$^{Arbeit\ macht\ frei}$"라는 문구가 새겨진 그 유명한 철골 구조물은 "정글짐"으로 식별되었다. 구글도 피부색이 어두운 사람들의 사진을 식별하는 작업에서 어려움을 겪었다. 이들은 황당하게도 자신에게 "고릴라"라는 이름표가 붙은 꼴을 목격해야 했다. 신경망은 사전 지식이 없으며 당연히 일말의 조심성도 없다. 이제껏 소프트웨어 기술자들은 자기가 개발한 알고리즘에 약간의 섬세한 감각을 전수하기 위해 수정 작업을 거듭해야 했다.

신경망은 인공지능 연구에서 오랫동안 조연을 맡은 끝에 몇 년 전부터 주연으로 부상했다. 요새는 반드시 '신경망'이라는 용어가 쓰이는 것도 아니다. 새로운 키워드는 딥러닝$^{deep\ learning}$이다. 이 새로운 흥행의 이유는 두 가지다. 첫째는 계산 성능의 발전이다. 오늘날의 빠른 컴퓨터를 이용하면 세포의 개수가 수천 개에 달하고 숨은 뉴런 층이 최대 30개인 신경망을 시뮬레이션할 수 있다. 둘째, 인터넷이 신경망 훈련에 이용할 수 있는 데이터를 엄청나게 많이 제공한다. 그 막대한 데이터를 일컬어 빅데이터^{big data}라고 한다. 마이크로소프트와 아이비엠^{IBM}부터 구글과 페이스북까지 미국의 모든 대규모 컴퓨터회사와 인터넷회사는 거대한 신경망을 다루는 부서를 신설했다.

그리고 갑자기 사람들이 몇 십 년 동안 바라온 일들이 실현되고 있다. 신경망은 사진 속의 사람 얼굴을 80퍼센트가 넘는 정확도로 식별한다. (얼굴을 보고 그 사람이 누구인지를 식별해낸다는 뜻은 아니다.) 신경망은 말을 아주 잘 알아듣는다. 아이폰에서 시리^{Siri}와 대화하거나 안드로이드 스마트폰에서 "오케이 구글^{Okay Google}"을 호출하여 이용해본 사람들은 이 음성인식 서비스들이 매년 괄목할 만하게 발전한다는 점에 동의할 것이다. 인터넷 전화 스카이프에서는(현재는 마이크로소프트의 자회사다) 스페인인이나 중국인과 화상통화를 할 때 그들의 말을 실시간으로 영어로 통역해서 들려주는 서비스를 이용할 수 있다.

학습하는 신경망 덕분에 크게 발전한 분야로 가장 대표적인 것은 로봇공학이다. 한 예로 구글의 자율주행차를 들 수 있다. 폴크스바겐 투아렉^{VW Touareg}을 개량한 스탠리^{Stanley}는 자율주행차의 원조 격이다. 독일 출신의 인공지능학 교수 제바스티안 트런이 개발한 그 자동차는 2005년에 미국 군사기술연구기관 DARPA가 개최한 자율주행차 경주에서 우승했다. 그 경주에 참가한 자동차들은 212킬로미터 길이의 험한 황무지 경로를 인간의 개입 없이 주파해야 했다. 스탠리의 행동 중 많은 부분은 기계 학습에서 유래했다. 그 자동차에 장착된 컴퓨터는 훈련 단계에서 인간 운전자가 환경 조건에 따라 어떻게 반응하는지를 보고 배웠다. 즉, 언제 핸들을 돌리거나 가속페달을 밟아야 하는지를 그 컴퓨터에 명시적으로 입력하지 않아도 되었다. 앞으로 10년 정도 지나면 그렇게 훈련한 자율주행차들이 도로를 가득 메우고 인간 운전자보다 더 안전하게 우리를 실어 나를 것이라고 한다.

오늘날의 신경망은 스스로 학습하는 능력까지 보유했다. 예컨대 신경망에게 동물 사진 식별을 훈련시키려 할 때 우리는 신경망에게 "이것은 고양이야!", "이것은 쥐야!" 하는 식으로 명시적으로 일러주지 않아도 된다. 신경망의 여러 층이 범주의 위계를 자발적으로 형성하기 때문이다. 가장 낮은 층위에서는 이를테면 사진 속에서 명암 대비가 뚜렷한 모서리들을 식별하는 작업이 이루어지고, 그 다음에는 개별 대상과 형태를 식별하는 작업, 그 다음에는 생물을 식별하는 작업, 그리고 마지막으로 다양한 동물 종을 식별하는 작업이 이루어진다. 이런 신경망에서는 실제로 개별 뉴런이 그런 범주를 대표한다. 마치 우리 뇌에서 "할머니"–뉴런이 할머니 개념을 대표하듯이 말이다.

최근에 구글의 기술자들은 신경망으로 하여금 "꿈을 꾸게" 만들어 세간의 주목을 받았다. 다양한 대상을 식별할 수 있는 신경망에게 예컨대 구름 낀 하늘의 사진을 보여주면 신경망은 (마치 구름을 보는 아이처럼) 그 사진 속에서도 잠정적으로 대상을 알아볼 것이다. 물론 어떤 대상이라고 꼭 집어서 말할 수 있을 만큼 명확하게 알아보지는 못한다. 그러나 기술자가 평소에 물고기를 대표하는 뉴런에게 그 사진 속에서 "물고기를 더 많이" 봐야 한다고 일러주면 일종의 되먹임 고리가 형성되면서 구름 속에서 환상적인 물고기 모양들이 생겨난다. 이런 작업을 더 밀어붙이면 사실상 잡음만으로 이루어진 사진에서 환상적인 모양들의 춤이 발생하게 할 수 있다. 이를 예술이라고 부를 수도 있겠지만 연구자들은 이런 작업을 통해서 특정 뉴런이 어떤 환상을 일으키고 궁극적으로 어떤 범주를 대표하는지 알아낸다.

인간의 지능을 가능케 하는 능력들에 도달할 가망이 있는 최선의 후보자는 이런 대규모 신경망이라는 견해는 오늘날 보편적으로 받아들여진다. 과거에 사람들은 세계에서 체스를 가장 잘 두는 컴퓨터를 전통적인 방식으로 제작해냈다. 즉, 컴퓨터로 하여금 매순간 체스의 규칙을 곧이곧대로 검토하여 최선의 행마를 찾아내게 하는 방식으로 말이다. 그러나 삶은 엄격한 규칙이 있는 게임이 아니다. 일상에서 우리는 두루뭉술한 것들과 마주친다. 사람들은 전화기에 대고 웅얼거리고, 우리는 사진 속에서 고양이 머리의 두드러진 특징들을 전혀 볼 수 없는데도 고양이를 알아본다. 신경망은 이 같은 두루뭉술함을 탁월하게 다뤄 놀랄 만큼 높은 패턴 인식률에 도달할 수 있다. 하지만 이런 능력의 향상을 위해서는 당연히 대가를 치러야 한다. 즉, 컴퓨터가 똑똑해질수록, 컴퓨터의 오류도 더 많아진다.

우리는 예측 가능하지 않다!

내가 이 마지막 장을 쓰기 시작하려는 순간, 내 컴퓨터가 신호음을 울린다. 그렇게 페이스북 알고리즘이 내 삶에 끼어든다. 왜냐하면 나의 친구이자 〈차이트〉지 동료인 게로 폰 란도브가 페이스북에 새 게시물을 올렸다는 사실을 나에게 알려주는 것이 옳다고 판단했기 때문이다. 게로가 올린 글의 제목은 "요새 자동차들은 모양이 왜 이렇게 추할까?"다. 나의 대답은 당연히 "알고리즘 때문이야"다. 한편으로는 지당한 대답이다. 요새 자동차들은 컴퓨터의 도움으로 제작된다. 물론 첫 단계는 디자이너가 손으로 하는 스케치다. 그 다음에 알고리즘이 개입하여 디자인을 최적화하기 시작한다. 연료 소모를 줄이기 위해 차체의 모양이 유선형으로 조정된다. 사고가 났을 때 탑승자의 생존 확률을 높이기 위해서 크럼플존 crumple zone (쉽게 찌그러지는 부위—옮긴이)이 삽입된다. 디자인의 상당 부분을 컴퓨터가 담당한다.

그렇게 만들어진 결과물은 아름다울까? 내 친구는 아름답지 않다고 단언한다. 그는 1960년대에 피닌파리나와 미켈로티가 디자인한 자동차들에 열광한다. 그러나 '기능이 우선이고 모양은 나중이다'라는 구호를 되뇌며 항력 계수 drag coefficient 가 획기적으로 낮은 차체를 디자인한 기술자는 아마 그 차체의 모양도 아름답다고 느낄 것이다. 알고리즘은 최선의 자동차를 디자인하지 않는다. 알고리즘은 인간이 제시한 조건을 고려하여 최적의 자동차를 디자인한다. 그리고 주말에 한적한 국도에서 "아이 같은 웃음과 온갖 감탄사"(란도브의 표현)를 연발하며 타기에 최적인 자동차는 A지점에서 B지점까지 가장 경제적으로 안전하게 이동하기 위한 자동차와 모양이 당연히 다를 것이다.

알고리즘의 시대에 우리의 삶은 어떻게 바뀌고 있을까? 이 책에서 나는 우리의 일상에 점점 더 많이 밀려드는 알고리즘들의 작동원리 몇 가지를 설명했다. 새로 개발된 알고리즘이 좋은가 아니면 나쁜가, 우리 삶을 더 안락하게 만드는가 아니면 위협하는가라는 질문의 대답을 수학에만 기초해서 얻을 수는 없다. 알고리즘은 과거에 사람이 맡았던 활동을 넘겨받는다. 더구나 요새 알고리즘들이 넘겨받는 활동은 우리가 기꺼이 넘겨줄 만한 지루하고 반복적인 일이 아니다. 새로운 알고리즘들은 인간이 하려면 창의성, 공감 능력, 지능 같은 속성이 요구되는 일을 해낸다. 인간과 알고리즘 사이의 새로운 관계 설정을 위해서 나는 다음과 같은 여덟 가지 주장을 제시하려 한다.

1. 우리가 어떤 것을 알고리즘에게 맡기면 그것은 예전과 달라진다. 우리가 농업기술과 농업의 도구를 바꿀 때마다 농업의 생산물도 달라진다. 컴퓨터의 도움으로 디자인한 자동차는 디자이너가 손으로 스케치하고 합판과 점토로 모형을 만들면서 디자인한 자동차와 모양이 다르다. 컴퓨터를 이용해서 저술한 책은 만년필이나 타자기를 이용해서 저술한 책과 다르다. 우리가 세상의 모든 지식을 언제든지 핸드폰으로 불러낼

수 있는 지금, 그렇게 불러낸 지식의 가치는 가장 많은 사실지식을 축적한 사람이 가장 영리한 사람으로 통하던 시절에 지식이 가졌던 가치와 다르다. 알고리즘이 스스로 판단하기에 가장 중요한 뉴스를 모아서 우리의 아침 식탁에 올려놓는다면, 그 개인용 신문은 신문사의 편집부가 구성한 신문과 다르다. 또한 우리가 컴퓨터를 통해 파트너를 구한다면 우리의 삶도 예전과 다른 방향으로 흘러갈 것이다.

실리콘 밸리에서는 코딱지만 한 신생회사조차도 격변을 일으켜 한 업계를 뒤집어놓는 것을 목표로 삼는다. 경제적인 관점에서는 약간 오만한 목표일 수도 있겠지만 과거에 사람들이 아날로그 방식으로 수행한 활동을 떠맡는 모든 디지털 알고리즘은 실제로 예외 없이 세계를 바꿔놓는다. 긍정적으로 바꿔놓는지 부정적으로 바꿔놓는지는 싸잡아서 말할 수 없다. 알고리즘이 많은 면에서 우리보다 우월한데다가 감정 없이 차분하게 판단하므로 인간보다 보편적으로 더 낫다는 믿음을 조장하려는 시도는 위험하다. 일각에서는 알고리즘이 선입견으로 가득 차 있으며 감정을 떨쳐낼 수 없는 인간과 정반대라고 주장한다. 실제로 컴퓨터는 한 인간이 해낼 수 없는 무수한 계산을 수행할 수 있다. 그것도 전혀 오류 없이 완벽하게 말이다. 따라서 컴퓨터는 인간이 해결하기에는 벅찬 문제를 해결할 수 있다. 하지만 우월한 계산 능력이 알고리즘의 객관성을 보장해줄까? 우리는 우리의 운명을 알고리즘에게 안심하고 맡길 수 있을까?

2. 알고리즘은 객관적이지 않다. 한 가지 예를 추가로 들겠다. 내년이면 내 아이가 학교에 들어간다. 샌프란시스코에는 공립 초등학교가 90곳

넘게 있다. 원리적으로는 모든 아동을 자기 집 근처 초등학교에 배정할 수 있다. 하지만 시 당국은 사회적·인종적 분리가 발생하지 않게 하려고 애쓴다. 그래서 예컨대 주로 가난한 라틴아메리카계 시민이 거주하는 구역의 아동은 자기 구역의 학교뿐 아니라 더 부유한 구역의 학교에 배정될 기회도 얻어야 한다. 이 때문에 매년 시 전역의 취학 연령 아동 1만 4000명을 초등학교에 적절히 배정하는 과제를 해결해야 한다. 어떻게 하면 공정하면서도 최대한 많은 학부모를 만족시킬 수 있도록 배정할 수 있을까? 이 과제를 제비뽑기로 해결할 수는 없다. 시 당국은 명문 스탠퍼드 대학교, 하버드 대학교, 매사추세츠 공과대학의 과학자들에게 알고리즘 제작을 의뢰했다. 모든 아동을 학부모의 희망 학교 목록에서 최대한 높은 순위의 학교에 배정할 수 있게 해주는 교묘한 다단계 알고리즘을 말이다.

하지만 모든 아동이 1순위 희망 학교에 배정될 수는 없다. 지원자의 수가 학교의 입학정원보다 더 많다면 알고리즘은 일부 지원자에게 우선권을 주어야 한다. 그 기준은 매우 다양하다. 아동의 형이나 누나가 이미 그 학교에 다니는가? 아동의 주거지가 그 학교에서 가까운가? 아동의 가족이 낙후된 구역 출신인가? 이 기준은 인간이 정한 것이며 다른 사람이라면 자신이 처한 상황을 고려하여 다른 기준을 정했을 것이다. 1순위 희망 학교에 배정되지 않는 상황이 불가피하다면, 모두가 만족할 수 있는 최적의 배정 알고리즘이란 존재하지 않는다. 다만 정치적으로 정한 조건 아래에서 최적인 알고리즘이 존재할 따름이다. 그리고 그 알고리즘을 행정 편의주의적인 해법으로 평가절하하면서 이렇게 주장하는 학부모들이 항상 있을 것이다. '교육 예산을 이 따위 알고리즘을 개발하는 데 쓰지 말고 모든 학교를 똑같이 우수하게 만드는 데 써라. 그러면 모든 아동을 집 근처 학교에 보낼 수 있지 않겠는가!'

  알고리즘의 목적이 명확하고 이론의 여지가 없는 경우도 있다. 지금 누군가의 신용카드가 도용되고 있는가는 명확하게 답할 수 있는 질문이다. 반면에 은행을 찾은 고객이 신뢰할 만한 사람인지 여부는 나중에 대출을 상환할 때에야 밝혀진다. 또한 누구를 사업 파트너로 선택할지는 전적으로 주관적으로 판단할 사안이다. 이 판단을 내리는 알고리즘의 배후에는 명확성이나 객관성과는 영 거리가 먼 견해, 전제 그리고 목적이 숨어 있다. 이는 알고리즘 제작을 의뢰한 사람에게서 유래한 것일 수도 있고 그가 원하는 바를 알고리즘에 최대한 정확하게 반영하려 애쓰는 프로그래머에게서 유래한 것일 수도 있다. 그러므로 알고리즘을 마주할 때 우리는 가장 먼저 이런 질문들을 던져야 한다. 이 알고리즘의 목적은 무엇인가? 이 알고리즘은 어떤 규칙을 따르는가? 이 알고리즘의 바탕에는 어떤 현실 세계 모형이 깔려 있는가? 거의 모든 경우에 우리는 이 질문들의 대답을 컴퓨터 언어를 모르는 사람에게도 개략적으로 설명할 수 있다.

3. 알고리즘으로 정치를 대신할 수는 없다. 실리콘 밸리에서 흔히 듣게 되는 이야기 중 하나는 우리의 문제를 인간보다 알고리즘이 더 잘 해결할 수 있다는 것이다. 특히 법과 규제를 만들어 삶을 어렵게 만드는 공공기관보다 알고리즘이 해결사로서 더 유능하다고들 한다. 이곳의 표어는 '규제를 풀어라!'인데, 알고리즘이 과도한 관료주의를 개선하는 데 도움이 된다고들 한다. 인터넷 사업가 겸 출판업자 팀 오라일리는 '알

고리즘 규제^{Algorithmic regulation}'를 이야기한다. 그에 따르면 "'최소 정부'를 이루는 비법은 우리 사회가 바라는 핵심 성과(안전, 건강, 정의, 발전 가능성)를 확정하고 이 목표를 법으로 정한 다음에 우리를 올바른 경로에 머물게 해주는 규제 메커니즘을 개발하고 끊임없이 개선하는 것이다." 오라일리가 보기에 정부의 일은 아래와 같은 네 단계의 되먹임 고리로 요약된다.

1. 바라는 성과에 대한 깊은 이해
2. 그 성과가 달성되었는지 알아내기 위한 실시간 측정
3. 새 데이터에 적응하는 알고리즘
4. 알고리즘이 올바른지, 바라는 대로 작동하는지에 대한 정기적이며 심층적인 분석

듣기에 간단하고 명료하다. 오라일리에게 특히 중요한 것은 끊임없는 개선이다. 오늘날의 정치적 세계에서는 상황이 바뀌거나 행정조치가 바라는 성과를 내지 못할 경우 번거롭게 법령을 개정하고 변경해야 한다. 만일 당파를 초월한 알고리즘이 사회현실의 변화를 확인하고 곧바로 행정기구의 적절한 반응을 유도할 수 있다면 그야말로 꿈처럼 멋지지 않겠는가! 유럽으로 밀려드는 난민 행렬을 예로 들어보자. 알고리즘이 확고한 기준에 따라서 순식간에 "좋은" 난민과 "나쁜" 난민을 구별한다. 난민심사를 통과한 인원이 증가하면 알고리즘은 그들을 유럽연합의 국가에 공정하게 배분하고, 독일에서는 각 주에 배분하고, 수용 여력이 있는 군대 막사나 학교 건물에 난민들의 거처를 마련하고,

연방이나 주의 예산에서 불요불급한 부분을 떼어내 난민에게 할당한다. 그러면 상황이 안정화될 텐데 알고리즘은 이 모든 일을 며칠 안에 해낼 수 있을 것이다….

오라일리는 거추장스러운 정치와 구글 같은 디지털 회사들의 의사결정을 대비한다. 새로운 형태의 검색 엔진 스팸이 출현하면, 구글은 간단히 알고리즘을 살짝 조절한다. 그러면 그 스팸은 퇴치된다. 구글이 민주적인 조직이 아니어서 자사가 관할하는 사항을 훨씬 더 쉽게 변경할 수 있다는 점을 제쳐두더라도, 애당초 이 구상은 오라일리가 "핵심 성과"라고 부르는 것이 논란의 여지가 없고 만장일치로 합의될 수 있음을 전제한다. "핵심 성과"가 그저 구호에 불과하다면 그런 만장일치의 합의가 가능할 수도 있겠지만 대부분의 경우에 우리는 그 훌륭한 가치들이 상대적으로 얼마나 중요한지 저울질해야 한다. 바로 여기가 진정한 정치가 시작되는 지점, 우선순위를 둘러싸고 불가피하게 갈등이 발생하는 지점이다. 비록 텔레비전에 나오는 정치인들은 이 갈등을 기꺼이 받아들이고 해결하기보다 "좋은" 정치와 "나쁜" 정치를 운운하는 쪽을 점점 더 선호하는 추세지만 말이다. 사람들의 이해관심은 다양하다. 사람들은 누가 자신의 이해관심을 관철할지를 놓고, 혹은 어떻게 하면 최대한 많은 사람들의 이해관심을 관철할 수 있을지를 놓고 싸울 수밖에 없다.

오라일리는 자신이 바라는 최소 정부의 긍정적 사례로 하필이면 실리콘 밸리에서 가장 많은 반감을 사는 회사 중 하나인 인터넷 기반 택시회사 우버를 든다(16쪽 참조). 우버가 공략한 택시 시장은 규제가 많아서 그동안 소비자들을 크게 실망시켜왔다. 택시를 타려 하면 가용한 택시가 없는 경우가 허다하다. 요금은 비싸고 차량은 더럽다. 반면에 인터넷 기반 택시 서비스는 고객을 위한 천국이다. 휴대전화에서 클릭 한 번만 하면 몇 분 안에 코앞에 택시가 대기한다. 많은 인력이 필요한 중개 업무는 알고리즘이 대신한다. 운전자나 그의 차량이 고객의 마음에 들지 않았을 경우 고객은 그 운전사에게 낮은 점수를 준다. "서비스의 질이 나쁜 운전자는 퇴출된다"라고 오라일리는 말한다. 그리고 그 와중에 우버는 떼돈을 번다.

이 환상적인 시나리오는 인간이 고려할 수 있을 법한 다른 가치와 이해관심도 있다는 점을 묵살한다. 이를테면 자기 차량을 가지고 스스로 위험을 감수하면서 독립적으로 택시 영업을 하는 운전자들의 수입과 사회보장이라는 가치가 있다. 도시 안에 운전자 한 명과 승객 한 명만 탄 승용차가 점점 더 많이 돌아다니는 것이 과연 바람직한가라는, 환경 정책에 관한 질문도 있다. 혹은 실망한 고객에게 휴대전화 투표를 통해 택시 노동자를 "퇴출"시킬 권리를 주는 것이 바람직하냐는 질문도 제기할 만하다. 우버가 (유사한 철학을 호텔업계에서 실천하는 에어비엔비Airbnb와 더불어) 특히 유럽에서 정부와 마찰을 빚는 것은 놀라운 일이 아니다. 최적화 문제를 푸는 데는 번거로운 행정조치보다 알고리즘이 더 나을 수도 있다. 그러나 다양한 정치적 이해관계가 서로 충돌하는 상황에서는 간단한 "정답"이 존재하지 않는다. 정치란 그런 이해의 충돌을 인정하고 타협을 추구하는 활동이다.

4. 알고리즘도 차별할 수 있다. 앞선 세 주장에서 거론된 알고리즘은 다른 도구들, 예컨대 망치와 유사했다. 중요한 문제는 망치로 무엇을 하

느냐, 이를테면 벽에 못을 박느냐, 아니면 사람을 때려죽이느냐 하는 것이었다. 책임은 망치를 사용한 사람이 지고 망치는 가치중립적이다. 망치는 객관적이라고 표현할 수도 있겠다.

그러나 망치 사용자는 자기 행위의 귀결 전체를 굽어볼 수 있는 반면 알고리즘 제작자는 그렇게 할 수 없다. 물론 동일한 입력이 논리적으로 항상 동일한 출력을 유발하는 것은 맞다. 그러나 거의 모든 경우에는 가능한 입력의 개수가 어마어마하게 많아서 그 모든 입력에 대한 출력을 완전히 검사한 다음에 알고리즘을 세상에 내놓는 것은 사실상 불가능하다. 증권 거래용 알고리즘은 간단한 규칙 몇 개를 기반으로 삼을 수 있지만 그 알고리즘 주변에서 갑자기 이례적인 일이 벌어지면 (예컨대 다른 모든 알고리즘들이 미친 듯이 증권을 팔기 시작하면) 알고리즘이 이례적인 방식으로 반응할 수도 있다. 알고리즘 제작자가 예상하지 못한 방식으로 말이다. 게다가 신경망을 비롯한 일부 프로그램은 그 제작자에게도 블랙박스다. 즉, 모든 각각의 입력에 대해서 출력을 산출하지만 아무도 그 산출 규칙을 명시적으로 제시할 수 없다.

설령 제작자가 더없이 좋은 의도로 알고리즘을 짜더라도 그 알고리즘은 제작자가 의도하지 않은 결과들을 빚어낼 수 있다. 마이크로소프트 소속 과학자 케이트 크로퍼드는 스트리트 범프 Street Bump라는 앱을 예로 든다. 원래 보스턴시 정부는 관내 도로에 팬 구멍의 보수 작업을 용이하게 만들 목적으로 휴대전화용 소규모 앱을 개발했다. 이 앱이 설치된 스마트폰을 가진 운전자가 주행 중에 구멍 때문에 차가 덜컹거리는 일을 겪으면 스마트폰이 그 덜컹거림을 기록하여 시 정부에 보고한다. 그러면 당국의 모니터에서 관내도로의 현재 상태를 보여주는 화면에 그 기록이 자동으로 표시된다.

멋진 아이디어라고 하지 않을 수 없다. 그러나 크로퍼드는 그 앱에 "내장된 불공평성"을 지적한다. 스마트폰 소유자가 상대적으로 적은 구역에서는 그 앱의 사용자도 적을 것이므로 도로의 구멍이 보고되는 일이 상대적으로 드물 것이다. 따라서 시 당국의 모니터에서 그 구역의 도로 구멍은 상대적으로 적게 표시될 것이다. 그 결과는 부자 동네의 도로 구멍들이 더 부지런히 보수되는 것이다. 요컨대 '스트리트 범프' 앱을 도입하면 부자 동네와 가난한 동네의 기반시설 격차가 더 벌어질 가능성이 있다. 아마도 그 앱에 관여한 사람들은 누구도 이런 결과를 바라지 않았을 것이다.

직원 채용 심사를 알고리즘에 맡기는 것은 흔히 바람직한 조치로 칭찬받는다. 왜냐하면 알고리즘은 엄격하고 객관적인 규칙에 따라서 구직자를 평가하고 구직자를 외모나 사회적·인종적 배경에 따라 차별하지 않는다고 여겨지기 때문이다. 그러나 차별은 다른 변수를 통해서 심사에 끼어들 수도 있다. 예컨대 집과 직장 사이 거리가 더 짧은 직원이 직장에 더 충실하다는 것이 밝혀졌다면 그 규칙을 직원 채용 알고리즘에 내장할 수 있을 것이다. 다른 자격이 동등한 구직자 두 명이 있다면 회사에서 더 가까운 곳에 사는 사람을 선호하라는 식으로 말이다. 그러나 회사가 부자 동네에 위치해 있다면 그 규칙은 그 동네에서 살 형편이 안 되는 사회적 집단 전체를 차별하는 효과를 낸다. 실제로 제록스Xerox 사는 직원 채용 알고리즘을 수정하여 그 규칙을 제거했다.

미국에서는 인종을 비롯한 몇 가지 개인적 특징을 직원 선발에 고려하는 것이 법으로 금지되어 있다. (미국에서는 모든 시민의 인종이 당국에

등록된다.) 그러나 인종을 고려하지 않고 직원을 채용하려는 강력한 의지만으로 차별을 막을 수 없다는 것은 알고리즘이 없던 시대에도 이미 드러났다. 1971년에 나온 미국 연방 대법원의 한 판결은 회사가 직원 선발에서 지능지수나 SAT(미국 대학 입학 시험) 점수를 고려하는 것을 금지했다. 왜냐하면 사회적인 이유 때문에 흑인의 지능지수와 SAT 점수가 백인보다 더 낮다는 것은 누구나 아는 사실이기 때문이었다. 그때 이후 이처럼 의도하지 않은 차별은 '불평등 효과'로 불린다.

차별 금지의 배후에는 항상 하나의 입장, 하나의 정치적 의지가 있다. 지금은 흑인이 백인보다 불리한 상황일 수 있겠지만 우리는 이런 상황을 바꾸어 흑인에게도 동등한 기회를 주고자 한다는 의지 말이다. 반면에 알고리즘, 특히 딥러닝 알고리즘은 현재 상태를 공고하게 다지는 경향이 있다. 예컨대 알고리즘은 여성보다 남성이 관리직을 더 자주 맡는다는 사실을 파악하고 관리직 구인 광고를 주로 남성들에게 보여준다. 근시안적으로 보면 이것은 광고주의 입장에서 "올바른" 결정일 수도 있겠지만 차별의 요소가 있다는 점을 부인하기 어렵다. 딥러닝 알고리즘은 자신이 따르는 규칙들을 명시할 수 없는 경우가 많기 때문에 개별 사례에서 차별을 확실히 잡아내는 것은 어려운 일이다.

5. 우리는 알고리즘을 이해하기 위해 노력해야 한다. 알고리즘이 명시적인 규칙을 따르지 않거나 회사의 영업비밀이어서 우리에게 마치 블랙박스처럼 주어지는 경우에도 우리는 그 알고리즘을 분석할 수 있다. 이런 작업을 일컬어 역공학reverse engineering이라고 한다. 예컨대 직원 선발 알고리즘을 분석하려 한다면 단 하나의 특징만 서로 다른 두 구직자

를 알고리즘에 입력하고 알고리즘이 그들을 다르게 평가하는지 살펴볼 수 있다. 유타 대학교의 수레시 벤카타수브라마니안이 이끄는 연구팀은 그런 차별을 잡아내는 동시에 입력 데이터를 적당히 "불명확하게" 만들어 차별 효과가 사라지도록 하는 알고리즘을 개발했다. 알고리즘을 통해 기회의 균등을 보장한다는 것은 오늘날 말치레만은 아니다.

알고리즘을 사용하는 회사가 그 알고리즘을 완전히 공개하기를 기대할 수는 없다. 알고리즘 공개는 회사의 영업에 지장을 줄뿐더러 때로는 알고리즘 자체를 무력화할 수 있다. 유럽 정치인들은 구글에게 검색 알고리즘을 공개하라고 자주 요구한다. 그러나 알고리즘이 공개되면 누구나 그것의 약점을 이용해먹을 수 있다. 그리하여 검색 엔진 최적화 기술자를 동원한 웹페이지들이 검색 결과 목록의 맨 윗자리를 차지할 테고 따라서 검색 엔진의 질이 저하될 것이다. 요컨대 때로는 알고리즘을 공개하지 말아야 할 합당한 이유가 있다. 하지만 비공개 알고리즘의 이데올로기적 편파성을 입증하는 방법들이 있다. 정보학자이며 메릴랜드 대학교의 언론학 교수인 니컬러스 디아코풀로스는 이렇게 지적한다. "알고리즘은 항상 입력과 출력을 가질 수밖에 없다. 이는 블랙박스에 작은 구멍 두 개가 뚫려 있는 것과 마찬가지다." 한 구멍으로 무언가를 집어넣고 다른 구멍으로 무엇이 나오는지를 충분히 많이 살펴보기만 하면 알고리즘의 정체를 모르더라도 알고리즘의 작동 패턴과 규칙을 알아낼 수 있다.

6. 알고리즘은 누가 혹은 무엇이 눈에 띌지를 결정한다. 1994년에 나는 다른 언론인 몇 명과 함께 매사추세츠 공과대학의 미디어랩^{Media Lab}을 방

문했다. 우리가 만난 사람들 중에는 '미래의 뉴스 News of the Future'라는 이름의 연구팀도 있었다. 그 연구팀은 미래의 신문을 고안한다고 했다. 그 팀의 연구자들은 미래에는 매일 아침 알고리즘이(당시 유행하던 용어를 쓰자면 "디지털 개인 비서"가) 개인용 신문을 통해서 우리에게 유용하고 흥미로운 기사를 정확하게 제공할 것이라고 말했다. 한편으로 우리는 그런 시스템의 장점을 납득할 수 있었지만 그런 알고리즘이 실제 신문사의 편집부를 대체할 수는 없다고 믿었다. 다른 문제를 떠나서 독자를 위해 주제를 선택하고 중요성을 평가하고 이리저리 조합하여 독자에게 정보뿐 아니라 재미와 교양까지 제공하는 일은 우리 언론인의 일이었다. 어떤 기계도 그 일을 대신할 수 없다고 우리는 생각했다.

오늘날 알고리즘은 그 일을 거의 넘겨받았다. 물론 독자를 위해 뉴스를 선택하는 일을 자신의 사명으로 여기는 전통적인 미디어가 온라인과 오프라인에 여전히 있기는 하다. 그러나 사람들은 점점 더 전통적인 미디어의 홈페이지나 일면을 무시하고 자신을 위한 칵테일을 스스로 제조하거나 페이스북, 플립보드 Flipboard 같은 앱에 맡긴다. 이 알고리즘들은 사회연결망과도 연결되어 있기 때문에 뉴스를 선택할 때 내용뿐 아니라 뉴스가 내 친구와 지인의 마음에 들지 여부도 고려한다. 요컨대 뉴스 선택에 "인간적 요소"가 확실히 개입한다. 그러나 전통적 미디어에서와 달리 여기에서 말하는 인간적 요소는 더 이상 "문지기"로서 나에게 어떤 정보를 보여줄지 결정하는 인간 편집자가 아니다.

이 상황이 과거보다 더 좋을까, 아니면 나쁠까? 문지기가 어떤 정보도 억누를 수 없게 되었다는 점은 어느 모로 보나 좋은 변화다. 인터넷에서는 누구나 자신의 견해를 타인에게 알릴 기회가 있다. 예를 들어

나의 전문 분야인 자연과학에서 오늘날의 전문가들은 자신의 블로그를 통해 대중과 직접 만날 수 있고 실제로 몇몇 블로그는 수많은 방문자를 거느린다. 뉴스가 전통적 미디어의 필터를 통과하지 않아도 되면 공론장은 더 다채롭고 풍요로워진다.

그러나 모든 사람이 모든 것을 읽을 수는 없으므로 자신의 견해를 내놓는 사람 모두가 타인의 주목을 받는 것은 아니다. 개인의 가녀린 목소리를 다수의 대중에게 전달하려면 예나 지금이나 확성기가 필요하다. 전통적 미디어는 지금도 여전히 확성기 역할을 신뢰할 만하게 해낸다. 대개의 경우, 보잘것없는 신문기사라도 자주 공유되는 블로그 글보다 더 많이 읽힌다. 한편 온라인 세계에서는 사람뿐 아니라 알고리즘의 마음에 드는 것이 점점 더 중요해지는 추세다. 거의 모든 알고리즘은 유머나 아이러니를 이해하지 못한다. 어느새 모든 온라인 미디어 편집자들은 검색 엔진 최적화(SEO)를 실행한다. 즉, 구글의 알고리즘이 기사를 중요하게 평가하도록 기사의 표제와 서두를 작성한다. 그래야만 기사가 뉴스 검색 결과에서 상위에 뜨기 때문이다. 우리는 알고리즘의 입맛에 맞게 굴고 알고리즘이 이해할 수 있게 글을 쓰는 법을 배웠다. 과거에는 "기성 미디어"의 편집자에게 사랑받는 것이 중요했다면, 오늘날의 구호는 "검색 엔진의 사랑을 받아라. 사회연결망에서 사람들의 클릭을 유도하라"이다. 그리하여 인터넷에서는 정보 세계의 패스트푸드라고 할 만한 클릭 미끼가 넘쳐나고 잠깐 재미있을 뿐 장기적으로는 지적 영양가가 없는 간계와 개그가 바다를 이룬다.

7. 인간은 예측 가능하지 않다. 우리는 알고리즘의 시대에 산다. 사람들은

기술 바깥의 영역을 거론할 때에도 늘 당대의 기술을 은유적 표현으로 사용해왔다. 증기기관이 최신 유행이었을 때, 사람들은 생물학적 과정을 기계 부품들의 맞물림처럼 상상했다. 인간은 완벽한 기계로 여겨졌다. 그리고 몇 십 년 전부터 우리는 뇌에서 일어나는 일을 서술하기 위해 컴퓨터 은유를 사용하기 시작했다. 우리는 뇌의 저장 용량과 계산 속도를 거론한다.

그러나 이런 생각, 즉 우리 뇌가 논리적 기계라는 생각은 컴퓨터가 개발되기 훨씬 전에 이미 제기되었다. 독일 철학자 고트프리트 빌헬름 라이프니츠는 모든 지적·도덕적 논쟁을 논리를 통해 해결할 수 있다고 믿었다. 쟁점을 가장 작은 논리적 요소들로 분해하기만 하면 된다고 말이다. "그러면 두 철학자 사이에서 쟁점이 불거질 때 거추장스러운 학문적 대화는 더 이상 필요하지 않게 될 것이다. 두 계산 전문가 사이에서와 마찬가지로 말이다." 라이프니츠는 이렇게 덧붙인다. "필기구를 손에 쥐고 계산 장치 앞에 앉아서 서로에게 (원한다면 친절한 어투로) '계산해봅시다'라고 말하는 것으로 충분할 것이다."

오늘날에는 약간 기괴한 생각으로 느껴지지만 라이프니츠는 30년 전쟁이 끝나고 얼마 지나지 않았을 때 활동한 철학자다. 그 전쟁에서 사람들은 종교적 견해 때문에 서로를 죽였다. 그런 현실에 대한 반발로 이성은 폭력 없는 미래, 사상의 자유가 넘치는 미래를 약속했다.

오늘날 우리는 뇌가 컴퓨터가 아님을, 무엇보다도 뇌는 알고리즘처럼 작동하지 않음을 확실히 안다. (물론 뇌의 작동 방식을 모방한 알고리즘들이 등장한 것은 사실이다.) 우리 생각의 바탕에는 우리가 그 개별 단계들을 서술할 수 있는 그런 프로그램이 깔려 있지 않다. 그래서 컴퓨터에 비해 우리는 더 느리게 결과에 도달하고 더 많은 오류를 범할 뿐 아니라 때로는 같은 상황에서 다른 결과에 도달한다. 그 결과는 때때로, 특히 인간 군중을 대상으로 고찰할 경우에는 예측 가능하다. 오늘날 우리는 영화관에서 불이 났을 때 군중이 어떻게 행동할지를 컴퓨터 시뮬레이션을 통해 아주 잘 예측할 수 있고 그 예측에 따라 가능한 한 인명피해를 막을 수 있게 영화관을 개조할 수 있다. 영화의 시나리오와 주연배우에 기초하여 흥행 성적을 상당히 잘 예측하는 알고리즘도 있다. 그러나 그런 예측은 많은 사람들의 행동에 대한 통계적 진술이다. 특정한 상황에서 개인이 어떻게 행동할지는(이 대목에 '다행스럽게도'라는 부사를 삽입해야 마땅하다) 알고리즘도 기껏해야 확률적으로만 예측할 수 있다.

때때로 우리는 정반대의 상황을 꿈꾼다. 우리가 간단한 지침, 알고리즘과 다를 바 없는 행동 방침에 따라서 삶을 살아갈 수 있으면 좋겠다고 말이다. 언론은 과학자들이 어떤 대단한 공식을 발견했다는 소식을 즐겨 보도한다. 완벽한 치즈케이크를 만드는 공식, 하이힐 뒷굽의 적절한 높이를 계산하는 공식, 이상적인 공포영화를 만드는 공식 등이 보도된다. 대개 조잡한 그 공식들은 측정 불가능한 삶의 면모들을 간단히 계산으로 처리할 수 있다고 장담한다. 자신의 건강을 알고리즘에게 위임하는 사람도 점점 늘어나는 추세다. 알고리즘은 그들이 건강한 삶을 위해서 오늘 얼마나 많은 칼로리를 섭취해도 되는지, 아직 몇 걸음을 더 걸어야 하는지 계산해준다. 합리적이고 건강한 생활양식과 자신의 삶을 데이터와 알고리즘의 도움으로 최적화하겠다는, 병적으로 자신만만한 태도를 가르는 경계선은 과연 어디일까? 아닌 게 아니라 자신의 일상을 낱낱이 기록하여 웹에 올리는 라이프로거^{lifelogger}와 자기 최적화^{self optimizing}를 실천하는 사람은 흔히 자신의 노화 과정을 멈추고 궁극적으로는 죽음을 극복하겠다는 환상을 품지 않는가?

2015년 1월 9일자 〈뉴욕 타임스〉지에 작가 멘디 렌 카트론의 글이 실렸다. 표제는 "사랑에 빠지고 싶다면 이렇게 하라!"였다. 요컨대 그 글은 사랑을 위한 지침이며 실제로 행복에 이르는 알고리즘을 담고 있다. 서로를 더 잘 알고 싶은 두 사람이 마주 앉아서 총 36개의 질문을 서로에게 던진다. 질문이 거듭될수록 주제는 점점 더 내밀해지며 당연히 대답은 솔직하고 진실해야 한다. 마지막으로 두 사람은 정확히 4분 동안 서로의 눈을 응시한다.

이 방법은 카트론이 개발한 것이 아니라 뉴욕 주립대학교의 아서 아론이라는 심리학자가 고안하여 1997년에 발표한 것이다. 아론이 쓴 논문의 제목은 〈개인 간 친밀함을 산출하는 실험: 한 방법과 잠정적 결과들〉이다. 그 논문은 사랑을 거론하지 않는다. 다만 45분 안에 산출할 수 있는 두 사람 간의 친밀함을 거론한다.

그러나 〈뉴욕 타임스〉지에 실린 글에는 특별한 요소가 첨가되어 있었다. 그 글을 쓴 저자는 자신이 그 방법을 써서 효과를 보았다고 밝혔다. 자신의 실험 파트너와 연인이 되었다는 것이다. "우리의 사랑은 그저 우연히 생겨나지 않았다. 우리가 그 방법으로 사랑을 추구했기 때문에 우리는 사랑에 빠졌다."

사랑에 이르는 알고리즘이라니! 통상적으로 연애와 결부된 모든 불안, 고통, 실망은 불필요한 모양이다. 두 사람이 사랑에 빠지는 것을 목표로 삼으면 알고리즘이 그들을 그 목표로 이끈단다.

카트론의 글은 국제적으로 주목 받았다. 온 세계의 신문이 그 글을 소개했고 맨디 렌 카트론은 강연 여행에 나섰다. 그리고 어디에 가든지 그녀에게 들어오는 질문, 또한 그녀가 받는 수많은 이메일에 담긴 질문은 똑같았다. "당신과 그 파트너는 지금도 함께 지내나요?" 그녀는 파트너를 숨기기 위해 최선을 다했지만 막 싹튼 두 사람 사이의 관계는 대중의 시선 아래 놓였다. 그녀는 그 남성과 함께 대중 앞에 나서지 않았지만 질문은 그녀를 놓아주지 않았다. 그들의 관계는 말하자면 리트머스 시험지가 되었다. 질문 36개를 포함한 그 지침이 유효한지, 사랑을 목표로 추구해서 달성할 수 있는지 검사하는 리트머스 시험지 말이다. 과연 그렇게 간단할 수 있을까? 사람들의 연애 행태조차도 알고리즘으로 조종할 수 있다니, 인간은 과연 그토록 예측 가능한 존재일까? 지금 문제는 예컨대 온라인 데이터 서비스에서 파트너 선택을 알고리즘에게 맡기는 것 정도가 아니다. 카트론의 글에 담긴 알고리즘은 훨씬 더 어려운 일을 해낸다고 장담한다. 그 알고리즘은 전도유망한 두 사람이 얼굴을 마주하고 앉으면 어떤 일이 벌어지는가에 관한 것이다.

당신도 맨디 렌 카트론의 연애 상황이 궁금한가? 내가 이 책을 쓰는 지금 그녀와 그 파트너는 여전히 한 쌍이다. 적어도 2015년 8월에 캘리포니아주 채프먼 대학교에서 한 강연에서 카트론이 밝힌 바로는 그러하다. 그러나 그녀는 사랑이 알고리즘에 복종한다고 믿지 않는다. "누군가에게 반하는 것은 비교적 간단하다"라고 그녀는 말한다. 반면에 사랑은 훨씬 더 복잡한 사안이다. "나는 내 연애를 일종의 신화로서 서술했는데 나 자신도 그 신화를 그다지 믿지 않는다. 나도 내 글의 제목이 함축하는 해피엔딩을 바란다. (여담이지만 그 제목은 내 글에서 내가 쓰지 않은 유일한 부분이다.) 아무튼 지금 나는 누군가를 사랑하기로 선택할 기회가 있고 그 누군가가 나를 사랑하기로 결심하기를 바라는 희망이 있다. 그래서 불안하다. 사랑이란 것이 그렇다."

8. 알고리즘은 새로운 세계권력이다. 구글의 실체는 20억 행으로 이루어진 컴퓨터 코드다. 검색 알고리즘, 지도 소프트웨어, 이메일 서비스 등 구글의 사업 전체가 그 20억 행 규모의 알고리즘에 의존한다. 그러므로 구글의 힘을 더 잘 보여주는 것은 어쩌면 그 회사의 주가나 연매출이 아니라 그 20억 행이다. 참고로 매우 복잡한(일부의 견해에 따르면 지나치게 복잡한) 개인용 컴퓨터 운영시스템 마이크로소프트 윈도우즈 Microsoft Windows는 약 5000만 행으로 되어 있다. 구글의 지적 역량이 깃든 그 알고리즘은 그 회사의 개발자 2만 5000명에 의해 매일 다양한 방식으로 다듬어지고 보완된다. 그 알고리즘이 워낙 복잡하기 때문에 파이퍼 Piper라는 프로그램이 따로 개발되었을 정도다. 그 프로그램의 역할은 모든 개발자가 다양한 알고리즘의 동일 버전을 가지고 작업하는지, 혹시 비일관성은 없는지 점검하는 것이다. 한 알고리즘이 알고리즘들의 최상위 감시자인 셈이다.

이 책에서 나는 알고리즘의 힘을 둘러싼 논의에 객관적 기반을 제공하고자 했다. 감정적이고 선입견이 있는 인간보다 감정 없는 컴퓨터 프로그램이 결정을 내리는 편이 더 나을까? 사람들이 자동차를 몰다가 때때로 사고를 일으키는 세상보다 자동차들이 스스로 운전하며 돌아다니는 세상이 더 나을까? 아무도 싸잡아서 대답할 수 없다. 다만 확실한 것은 그 세상은 현재의 세상과 다르리라는 점이다.

다른 알고리즘들

앞선 장들에서 나는 지금 우리 삶에 큰 영향을 미치거나 미래에 그러할 알고리즘 몇 가지를 소개했다. 당연히 그 알고리즘들은 대표로 선발된 것들이다. 우리 세계에서 작동하는 알고리즘은 수천 가지다. 이제부터 선발의 최종 단계를 통과하지 못했지만 그래도 주목할 만한 알고리즘 몇 개를 추가로 소개하겠다.

<유클리드 알고리즘>

일찍이 기원전 300년경에 그리스 수학자 유클리드가 제시한 이 알고리즘은 두 수의 최대공약수를 구하는 절차다. 구체적으로 말하자면 유클리드 알고리즘은 반복 절차다. 즉, 결과에 도달할 때까지 동일한 수학적 연산이 계속 반복된다.

한 예로 $a = 1513$과 $b = 357$의 최대공약수를 구해보자. 먼저, 큰 수를 작은 수로 나눌 때 나오는 나머지 r_1을 알아낸다. 이 예에서 r_1은 85다.

$$1513 = 4 \times 357 + 85$$

이번에는 작은 수 b를 r_1으로 나눌 때 나오는 나머지 r_2를 구한다.

$$357 = 4 \times 85 + 17$$

이런 작업을 계속 반복한다. 항상 작은 수(이 단계에서는 r_1)를 나머지(r_2)로 나누는데, 나눗셈의 나머지가 0이 될 때까지 이 작업을 반복한다. 이 예에서는 벌써 다음 단계에서 나머지가 0이 된다.

$$85 = 5 \times 17 + 0$$

17은 앞서 등장한 모든 나머지들의 약수이며 a와 b의 약수이기도 하다. 정확히 말하면 17은 a와 b의 최대공약수다.

유클리드 알고리즘은 두 수를 우선 소인수분해한 다음에 그 소인수들을 비교하는 방법보다 더 신속하고 깔끔하게 최대공약수 구하기 문제를 해결한다. 게다가 그 알고리즘은 정수가 아닌 수에도 적용할 수 있다. 임의의 수들의 "공통 단위"를 유클리드 알고리즘으로 구할 수 있다. 하지만 그 알고리즘이 항상 유한한 개수의 단계를 거쳐 최종 결과에 도달하는 것은 아니다. 예컨대 1과 $\sqrt{2}$에 유클리드 알고리즘을 적용하면, 나머지들이 점점 더 작아지기는 하지만 나눗셈의 나머지가 0으로 되는 일은 끝내 일어나지 않는다. $\sqrt{2}$처럼 통약불가능한 수들이 존재한다는 깨달음은 온 세계를 자연수들의 비율로 기술할 수 있다는 피타고라스 추종자들의 세계관을 무너뜨렸다.

<단체 알고리즘>

이 알고리즘은 선형 최적화 문제를 푸는 절차다. 선형 최적화 문제에서 고찰되는 양들은 선형으로 상호관계를 맺는다. 즉, 그 양들의 상호관계를 나타내는 방정식에 거듭제곱이나 다른 특이한 함수가 등장하지 않는다. 최적화란 선형방정식으로 표현되는 조건 아래에서 특정 함수 값(주로 회사의 수익이나 비용)을 가능한 한 크거나 작게 만드는 작업을 말한다.

빵집 주인이 성탄절을 맞아 특별 품목으로 두 가지 쿠키를 만들기로 마음먹었다고 해보자. x쿠키는 일주일에 최대 40킬로그램까지, y쿠키는 60킬로그램까지 생산할 수 있다. 그런데 빵집의 주당 최대 생산량은 85킬로그램이다. x쿠키를 팔면 킬로그램당 50유로를 벌 수 있는 반면에 y쿠키에서 얻는 수익은 35유로에 불과하다. 수익을 최대화하려면 빵집 주인은 어떤 쿠키를 주당 얼마나 생산해야 할까?

조금만 깊이 생각해보면 아마 당신도 깨닫겠지만, 빵집 주인은 수익이 큰 쿠키를 최대한 많이 생산하고 나머지 생산 용량을 다른 쿠키에 할애해야 한다. 그러나 더 복잡한 예들에서는 이렇게 단순히 숙고하는 방식으로 답을 알아낼 수 없다.

이 예에서는 x와 y(x쿠키 생산량과 y쿠키 생산량)의 범위를 제한하는 부등식 3개가 등장한다.

$x \leq 40$

$y \leq 60$

$x + y \leq 85$

이 조건들을 (x와 y가 0보다 크거나 같아야 한다는 자명한 조건과 함께) 그림으로 표현하면 아래 회색으로 칠한 구역이 만들어진다.

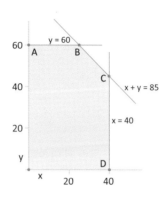

이 구역은 다각형이다. 이 다각형 내부의 한 점이 최적의 x 값 및 y 값에 대응해야 한다. 과연 어떤 점에서 빵집 주인의 수익이 최대로 될까? 단체 알고리즘은 수익 함수 값이 항상 다각형의 한 꼭짓점에서 최대로 된다는, 수학적으로 증명 가능한 사실을 이용한다. 이 예에서 꼭짓점은 (수익이 0이 되는 원점을 제외하면) A, B, C, D다. 따라서 단체 알고리즘은 이 유한한 개수의 점 각각에서 수익이 얼마인지만 계산하면 된다. 그 수익은 아래와 같다.

A: 2100유로

B: 3350유로

C: 3575유로

D: 2000유로

C에서의 수익이 최대다. 따라서 우리가 상식적인 숙고로 이미 알아낸 결론이 나온다. 빵집 주인은 x쿠키를 40킬로그램, y쿠키를 45킬로그램 생산해야 한다! 현실에서 맞닥뜨리는 진짜 최적화 문제들을 풀려면 더 높은 차원의 공간들을 동원해야 한다. 단체 알고리즘은 고차원 초다면체 polytope의 한 꼭짓점에서 다른 꼭짓점으로 옮겨가면서 최적의 꼭짓점을 찾아내는 교묘한 절차다.

<데이터 뱅크>

얼핏 생각하면 데이터 뱅크는 그리 매력적이지 않다. 데이터 뱅크 하면 사람들은 흔히 먼지로 덮인 색인카드 상자를 떠올린다. 정보를 수록한 카드를 넣어두는 상자 말이다. 한 예로 연락처 데이터를 생각해보자. 한 지인의 전화번호를 알아내려면 그의 이름이 적힌 색인카드를 찾아서 거기에 적힌 전화번호를 읽으면 끝이다. 그러나 은행(뱅크)이 금전 보관소에 불과하지 않고 금전 거래로 먹고살듯이, 우리가 매일 마주치는 데이터 뱅크도 대단히 역동적인 시스템이다. 오늘날 은행은 대체로 데이터 뱅크라고 해도 과언이 아니다. 그 안에서 돈이 숫자의 형태로 끊임없이 돌아다니는 그런 데이터 뱅크 말이다. 하지만 온라인 쇼핑몰에서 상품을 구매할 때에도 우리는 데이터 뱅크와 마주친다. 우리가 한 상품을 주문하면 고객 계정에 새 항목이 기입되고 그 결과로 많은 일이 벌어진다. 상품이 포장 배송되고 은행계좌나 신용카드에서 대금이 이체된다.

요컨대 데이터 뱅크는 끊임없이 읽히고 새로 작성되는 전자 명세서다. 당신이 계좌에서 100유로를 타인의 계좌로 이체한다면 그 활동은 궁극적으로 데이터 뱅크에 단 두 개의 항목을 새로 기입하는 것과 같다. 즉, 당신 계좌의 잔액은 100유로 줄어들고 타인 계좌의 잔액은 100유로 늘어난다.

컴퓨터는 하나의 장치로서 오류를 범할 수 있다. 컴퓨터가 당신의 계좌에서 100유로를 이미 빼낸 상태에서 타인의 계좌에 넣기 전에 다운되면 어떻게 될까? 어떤 안전장치도 없다면 100유로가 증발해버릴 것이다. 여러 행위자가 동시에 데이터 뱅크에 손을 댈 경우에는 더 심각한 문제가 발생한다. 당신의 계좌에서 타인의 계좌로 돈이 이체되는 도중에 당신의 월급이 당신의 계좌로 들어온다면 어떻게 될까? 만약에 알고리즘이 이 같은 데이터 뱅크의 변화가 질서 있고 안전하며 이해하기 쉽게 일어나도록 관리하지 않는다면 대혼란이 발생할 것이다.

계좌이체에서는 이른바 '라이트 어헤드 로깅 write ahead logging, WAL' 기술이 데이터 뱅크의 온전한 작동을 보장한다. 계좌이체 요청이 들어오면 실행에 앞서 WAL 프로그램에 의해 그 계좌이체 작업 전체가 수록된 일종의 사전(事前) 기록이 작성되고 저장된다. 당신의 계좌에 8700유로가 있고 타인의 계좌에 −30유로가 있다고 해보자. 당신이 타인의 계좌에 이체하는 금액은 100유로다. 그러면 WAL 프로그램은 아래와 같은 사전 기록을 작성한다.

- 처리 시작
- 당신 계좌의 잔액을 8700유로에서 8600유로로 변경
- 타인 계좌의 잔액을 −30유로에서 70유로로 변경
- 처리 끝

이 사전 기록은 실제 이체가 완결되면 즉시 삭제된다. 혹시 이체 처리 도중에 컴퓨터가 다운되더라도 이 사전 기록은 보존된다. 따라서 컴퓨터는 다시 이체를 실행할 수 있다. 설령 당신의 계좌에서 돈이 벌써 빠져나간 상태에서 컴퓨터가 다운되더라도 아무 문제도 발생하지 않는다. 결국 모든 것이 올바로 처리되고 단 한 푼도 증발하지 않는다.

<고속 푸리에 변환>

9장의 주제들 중 하나는 소리 데이터의 압축이었다. 208쪽과 209쪽의 그림에서 x축은 소리 신호의 진동수(주파수), y축은 소리 신호의 세기를 나타낸다. 그런데 그 그림들이 보여주는 곡선은 어떻게 얻은 것일까? 한 예로 트럼펫 연주자가 길고 일정하게 내는 음 하나를 생각해보자. 우리가 그 음을 녹음하여 그래프로 나타내면, 우선 시간을 나타내는 x축과 음압을 나타내는 y축으로 이루어진 그래프상의 곡선 신호를 얻게 된다. 그 신호는 주기적이다. 즉, 만일 연주자가 기준음 A를 낸다면, 신호 곡선에서 동일한 형태가 초당 440회 반복해서 나타난다. 그러나 그 곡선은 아름답고 매끄럽지 않고 삐죽빼죽하다. 왜냐하면 트럼펫에서 진동수 440헤르츠의 기저음뿐 아니라 440의 배수를 진동수로 가진 수많은 '배음들'이 발생하고 어쩌면 전혀 다른 음도 함께 발생하기 때문이다.

푸리에 해석은 시간-음압 좌표계에서 진동수-음압 좌표계로의 변환을 수행한다. 즉, 푸리에 해석은 원래의 복잡한 진동을 진동수가 다양한 다수의 개별 조화진동으로 분해한다. 이 조화진동들은 시간-음압 좌표계에서 사인곡선을 그린다.

'고속 푸리에 변환^{fast Fourier transformation, FFT}'이란 푸리에 해석을 대폭 가속하는 다양한 알고리즘을 말한다. 일찍이 1805년에 수학자 카를 프리드리히 가우스는 푸리에 해석을 신속하게 수행하는 방법을 연구했고, 이를 위한 컴퓨터 알고리즘은 1965년 이래 꾸준히 발전하고 있다. FFT의 응용 범위는 음향학에 국한되지 않는다. FFT는 그림 데이터 압축과 데이터 암호화에도 유용하다. FFT는 한 현상을 기술하는 데이터의 양을 대폭 줄일 수 있기 때문에 정보학에서 일종의 만능 도구다. 정보학자 댄 로크모어는 FFT를 "온 가족을 위한 알고리즘"으로 칭했다.

<오토튠>

사실 오토튠^{Auto-Tune}은 우리 모두의 삶에 강력한 영향을 미치는 기술은 아니다. 그러나 이 알고리즘은 가수가 스튜디오에서 노래를 녹음하는 방식을 돌이킬 수 없게 바꿔놓았다.

오토튠을 발명한 사람은 앤디 힐데브란트다. 과거에 그는 새로운 천연자원 매장지를 탐사하는 석유회사에서 일했다. 그 탐사에 흔히 쓰이는 방법은 지하에 폭발물을 묻은 다음에 폭발시키고 그때 발생하는 지진파를 분석하여 지하의 구조에 관해서 온갖 정보를 얻는 것이다. 힐데브란트는 지진파 분석 전문가였는데 진동과 파동을 다양한 진동수로 분해하는 푸리에 해석(앞의 '고속 푸리에 변환' 참조)은 그 분석 잡업에서 특히 유용하다. 취미로 음악을 즐긴 힐데브란트는 디지털 녹음의 시대에는 음악 신호도 이 방법으로 분석하고 더 나아가 조작할 수 있음을 금세 깨달았다. 그는 '안타레스'라는 회사를 설립했고 그 회사의 상품들 가운데 탁월하게 유명한 것이 오토튠이다.

최고의 가수라고 해도 항상 옳은 음을 내는 것은 아니다. 오토튠은 가수가 낸 음이 약간 틀릴 때 그것을 알아채고 실시간으로 수정할 수 있다. 즉, 약간 더 높거나 낮은 음으로 들리게 만들 수 있다. "옳은" 음을 사다리의 가로장에 비유하면 오토튠은 가수가 내는 모든 음 각각을 가장 가까운 가로장 쪽으로 이동시킨다. 이 수정의 세부사항을 조절하는 장치도 있다. 예컨대 수정 결과가 최대한 자연스럽게 들려서 청자가 오토튠의 개입을 알아채지 못하도록 수정 속도를 적당히 조절할 수 있다.

오늘날에는 (적어도 대중음악계에서는) 거의 모든 노래 녹음에서 오토튠이나 유사 소프트웨어가 조심스럽게 사용된다. 또한 셰어^{Cher}의 1998년 히트곡 빌리브^{Believe} 이래로 대중도 오토튠의 효과를 잘 안다. 오토튠이 음을 너무 심하게 수정하면 사람의 목소리가 로봇의 금속성 목소리로 바뀐다. 한동안 힙합계에는 이 효과를 사용하지 않은 히트곡이 없다시피 했다.

<오류 수정>

오늘날 우리는 데이터를 USB 스틱에서 하드디스크로 복사하거나 인터넷에서 내려받을 때 데이터가 오류 없이 전송되는 것을 당연시한다. 컴퓨터 내부에서도 그런 데이터 전송이 끊임없이 이루어지는데 우리는 거기에서도 오류가 발생하지 않으리라고 믿으며 안심한다. 그러나 오류가 전혀 없는 데이터 전송은 없다. 아날로그 시대에는 그런 오류가 그다지 심각한 문제가 아니었다. 전화 통화에 잡음이 끼어드는 바람에

상대방이 말한 단어 하나를 당신이 못 알아들었더라도 대개의 경우 당신은 맥락을 살펴서 그 단어를 추론할 수 있었다. 그러나 우리가 거의 전적으로 디지털 통신에 의지하는 지금은 데이터 전송 과정에서 단 하나의 0이 1로 잘못 전송되기만 하더라도 데이터 전체를 읽을 수 없게 된다. 20메가바이트의 데이터가 1억 6000만 개의 숫자(0과 1)들로 이루어졌다는 점을 감안하면 데이터를 전송할 때 오류가 발생할 여지는 충분히 크다는 점을 금세 알아챌 수 있다.

그런 오류를 줄이는 가장 간단한 전략은 데이터를 여러 번 반복해서 전송하는 것이다. 전송 통로에서 오류가 발생하는 비율이 10퍼센트라라고(20메가바이트를 전송하면 1600만 개의 숫자들이 잘못 전송된다고) 하더라도 똑같은 위치에서 10번 오류가 발생할 확률은 (100억 분의 1로) 희박하다. 따라서 내가 수신자에게 데이터를 10번 보내면 수신자는 모든 각각의 자리에 전송된 숫자 10개를 비교해서 빈도가 더 많은 숫자를 선택하기만 하면 전송 오류를 줄일 수 있다.

이 전략을 일컬어 '덧붙임 검사 redundancy check'라고 한다. 그런데 이런 형태의 덧붙임 검사는 매우 번거롭다. 우리의 예에서는 전송되는 데이터의 양이 10배로 불어난다. 다행히 더 경제적인 덧붙임 검사 방법들이 있다. 그 방법들은 데이터 집합에 특별한 비트를 덧붙이고 그것을 오류 검사의 지표로 삼는다. 이를테면 해밍 코드 Hamming code라는 것이 있다. 해밍 코드는 예컨대 3비트로 된 데이터 토막 각각을 7비트짜리 코드 단어로 대체한다. 이 방법은 과거에 전화로 알파벳을 불러줄 때 쓰던 방법과 유사하다. 전화 음질이 나빴던 시절에는 F를 말하면 상대방이 S로 잘못 알아듣는 일이 흔히 있었다. 그래서 'Luft'('공기'

를 뜻하는 독일어—옮긴이)의 철자 'L, U, F, T'를 불러주려 할 때 그냥 "엘, 유, 에프, 티"라고 하면 "엘, 유, 에스, 티"로 알아들을 위험이 있기 때문에 사람들은 이를테면 "루트비히 Ludwig, 울리히 Ulrich, 프리드리히 Friedrich, 테오도어 Theodor"라고 했다. 듣고 구분하기 어려운 철자들을 충분히 잘 구분할 수 있는 단어들로 대체했던 것이다. 이런 식으로 약간의 잉여를 덧붙이면 오류 없는 데이터 전송에 접근할 수 있다.

해밍 코드는 전송 오류를 발견하고 자동으로 수정한다. 하지만 때로는 오류를 발견하고 재전송을 부탁하는 것으로 충분할 경우도 있다. 이런 경우에 쓰는 방법 하나는 검사 숫자 check digit 를 덧붙이는 것이다. 예컨대 숫자 16개로 된 수열을 전송할 때 17번째 숫자를 덧붙여 전송한다. 이때 그 검사 숫자는 정해진 계산 규칙에 따라서 나머지 숫자 16개로부터 알아낼 수 있는 숫자다. 이를테면 '숫자 16개를 모두 합한 결과의 1의 자리 숫자'를 검사 숫자로 삼을 수 있다.

구체적인 예를 보자. 우리는 숫자 16개짜리 수열 2716 3928 4629 0476을 전송하려 한다.

이 숫자들을 모두 합한 결과는 76이다. 따라서 우리는 검사 숫자 6을 수열의 맨 끝에 덧붙여 2716 3928 4629 0476 6을 전송한다. 그런데 전송 과정에서 처음 16개의 숫자 가운데 딱 하나가 잘못 전송된다고 해보자. 이를테면 맨 앞의 2가 1로 전송된다고 가정하자. 그러면 숫자들의 총합은 75가 되고 수신자의 오류 검사 알고리즘은 수열의 맨 끝에 5가 나오리라고 예상한다. 그러나 예상 외로 6이 나온다. 따라서 그 알고리즘은 오류가 발생했음을 알아챘다. 이 방식으로 숫자 하나가 잘못되어서 발생하는 모든 오류를 발견할 수 있다. 숫자 여러 개가 잘

못되어서 발생하는 오류도 발견해내려면 두 개 이상의 검사 숫자를 덧붙여야 한다.

당신은 온라인 구매 도중에 당신이 신용카드 번호를 잘못 입력한 것을 쇼핑몰의 알고리즘이 즉시 알아채고 오류 메시지를 보내는 것에 감탄한 적이 어쩌면 있을 것이다. 그런 즉각적인 오류 파악이 가능한 것은 신용카드 번호의 숫자를 가지고 (약간 복잡한 알고리즘에 따라서) 어떤 계산을 하면 특정한 값이 나오게 되어 있기 때문이다. 당신이 신용카드 번호를 잘못 입력하면 (혹은 상상으로 꾸며내서 입력하면) 그 계산의 결과가 그 값과 일치하지 않게 되고 그러면 시스템은 오류 메시지를 보낸다.

<다중격자 알고리즘>

경제적, 정치적 결정을 내릴 때 시뮬레이션을 참고하는 경향은 오늘날 점점 더 강화되고 있다. 현실에서 일어나는 과정을 컴퓨터에서 계산하는 것인데 그 이유는 두 가지다. 첫째, 아직 일어난 적 없는 과정을 연구할 때 시뮬레이션이 쓰인다. 날씨 예측이나 향후 100년 동안의 세계 기후 시뮬레이션을 생각해보라. 둘째, 현실에서의 실험이 너무 번거롭거나 비용이 많이 들 때 시뮬레이션이 쓰인다. 예컨대 현실에서 자동차 충돌 실험을 하려면 매번 비싼 차체를 고철로 만들어야 한다. 충돌 과정 전체를 컴퓨터에서 계산할 수 있다면 얼마나 좋겠는가.

하지만 한 가지 질문이 남는다. 시뮬레이션은 현실과 얼마나 유사할까? 현실에서 마주치는 과정을 계산하려면 물리량들의 상호관계를 기술하는 '미분방정식'을 풀어야 한다. 그런데 대개의 미분방정식 풀이는 완전한 해를 구하는 방식으로 이루어지지 않는다. 대신에 사람들은 문제를 모든 점들에서 고찰하지 않고 띄엄띄엄 떨어진 점들로 구성된 격자에서만 고찰함으로써 이산화discretize한다. 예컨대 온도, 풍속 등을 모든 지점에서 계산하는 대신에 전체 지역을 1제곱킬로미터 면적의 구역으로 나누고 각 구역에서의 값을 계산하는 것으로 만족해야 한다.

일반적으로 그 격자가 촘촘할수록 미분방정식의 해는 현실과 더 유사하게 된다. 그러나 격자가 촘촘해지면 그만큼 계산에 공이 더 많이 든다. 이를테면 내가 3차원 공간에서 일어나는 한 현상을 시뮬레이션하는데, 격자 눈의 한 변을 반으로 줄이면 계산에서 고려할 점들이 8배로 늘어나므로 계산 시간도 8배로 늘어난다. 이 때문에 날씨 예측에서 격자를 점점 더 촘촘하게 만들다 보면 내일 날씨의 계산 결과가 모레에야 나오는 상황이 발생할 수도 있다.

때로는 촘촘한 격자가 필요하지 않다. 예컨대 기체나 액체의 흐름을 고찰할 때는 그 흐름이 층류laminar flow여서 뒤엉킴 없이 매끄럽게 흐르기만 한다면 비교적 성긴 격자로도 좋은 계산 결과를 얻을 수 있다. 반면에 난류turbulent flow에서는 아주 작은 소용돌이 하나도 흐름 전체에 중요한 영향을 미치므로 더 촘촘한 격자가 필요하다. 이른바 '다중격자 알고리즘multigrid algorithm'의 원리는 1970년대 후반 이래로 개발되었다. 이 알고리즘은 고정된 격자를 사용하는 대신에 풀어야 할 미분방정식을 고찰하여 어느 구역에서는 격자를 더 촘촘하게 만들어야 하고 어느 구역에서는 비교적 성긴 격자로도 충분한지 판단한다. 이 알고리즘의 최대 장점은 계산의 복잡성을 줄여서 훨씬 더 빠른 계산을 가능케 하는 것이다.

다중격자 알고리즘은 최신 컴퓨터들의 계산 능력 향상에도 불구하고 그 능력을 아껴 쓰기 위한 노력이 앞으로도 늘 필요할 것임을 보여주는 한 사례다. 오늘날 사람들은 컴퓨터의 놀라운 성능을 대수롭지 않게 여기는 경우가 많다. 컴퓨터 내부에서 작동하는 알고리즘의 효율성을 높이기 위해 수많은 인재들이 수십 년 동안 애써왔다는 사실은 전혀 모르면서 말이다.

"알고리즘으로 정치를 대신할 수는 없다."

    얼마 전 비트코인과 블록체인을 둘러싼 논란이 불거졌을 때, 우리 주위의 지식인들은 두 진영으로 갈리는 경향을 보였다. 한 진영은 그 새로운 알고리즘 기술을 적극 옹호하는 낙관론자들, 다른 진영은 그 기술이 정치경제의 핵심이라 할 만한 화폐 시스템을 건드리는 것을 우려하는 비관론자들이었는데, 흥미로운 점은 낙관론과 비관론을 갈라놓는 균열이 과학자와 비과학자 사이에 가로놓인 심연과 대체로 겹치는 듯했다는 점이다.

    과학자들은 새로운 블록체인 알고리즘의 수학적 완벽성과 잠재적 위력을 잘 모르는 채로 그저 고루한 국가적 중앙통제 화폐 시스템에 매달리는 비과학자 지식인들을 꾸짖었고, 정치에 대한 혐오 탓인지 과학에 대한 순박한 믿음 탓인지, 지금도 꽤 많은 대중은 그런 과학자들의 견해에 고개를 끄덕이는 듯하다. 어느새 우리의 삶과 뗄 수 없게 얽힌 알고리즘들을 최대한 이해해야 한다는 과학자들의 충고는 백번 옳다. 그러나 알고리즘들이 우리의 삶을 근본적으로 변화시켜 심지어 우리를 다른 종으로 거듭나게 하리라는 식의 요란한 예언과 그런 알고리즘 주도의 변화를 적극 환영하고 맨 앞에서 선도하는 것만이 우리의 살길이라는 투의 현란한 선동에 동조해야 할지는 전혀 다른 문제다.

"지피지기(知彼知己)"면 "백전불태(百戰不殆)"라는 지당한 옛말이 있다. 상대를 알고 나를 알면, 절대로 위태로운 상황에 빠지지 않는다는 뜻이다. 알고리즘은 분명 우리를 위한 도구이지만, 우리 각자가 손아귀에 쥐고 완벽하게 통제할 수 있는 망치와 달리, 워낙 복잡하고 막강하기 때문에 다수 대중의 이해와 통제를 벗어날 위험이 큰 도구라는 점에서 확실히 만만치 않은 상대다. 어물어물하다가는 알고리즘에 휩쓸려 오히려 우리 자신이 도구로 전락할 위험마저 배제할 수 없다. 그러므로 저 옛말을 되새기자. 위태로움을 피하려면, 알고리즘을 알아야 하고 또 우리 자신을 알아야 한다.

이 책은 그런 균형 잡힌 앎을 추구하는 독자에게 딱 어울린다. 이 책의 위치는 알고리즘에 대한 낙관과 경계심 사이, 과학자와 비과학자 사이다. 여러 전작에서 과학에 대한 깊이 있고 명쾌한 이해와 탁월한 설명 능력을 뽐낸 저자 크리스토프 드뢰서는 이 책에서 신중한 과학전문가의 면모를 여실히 드러낸다. 그는 "알고리즘의 힘을 둘러싼 논의에 객관적 기반을 제공하고자" 이 책을 썼다. 이 섬뜩하고 멋진 알고리즘의 시대에 과학전문가가 대중을 위해서 할 일이 무엇인지 보여준다고 할 만하다.

드뢰서는 알고리즘을 무턱대고 경계하는 태도를 멀리하는 만큼 무턱대고 숭배하는 태도도 멀리한다. 그는 우리가 그저 사용하기만 하는 알고리즘들의 작동 원리를 자상하게 설명함으로써, 알고리즘을 둘러싼 막연한 기대와 공포를 누그러뜨린다. 더 나아가 이 저자의 최대 미덕은 우리의 삶 전체를 보는 폭넓은 시각이다. "우리는 예측 가능하지 않다"라는 선언에서 보듯이, 드뢰서는 알고리즘이 무엇인지뿐 아니라 우리가 누구인지도 이야기한다. 『손자병법』을 읽기라도 했는지, 모범적으로 지피지기를 추구한다. 환한 의식으로 이 시대를 사는 당신은 도처의 외나무다리 위에서 알고리즘이라는 버거운 상대와 마주칠 것이다. 그럴 때 이 책에 의지하여 지피지기에 다가간다면, 당신은 좀처럼 위태로움에 빠지지 않을 것이다.

개인적으로 가장 인상 깊은 문장은 "알고리즘으로 정치를 대신할 수는 없다"라는 것이다. 완벽하며 비인간적인 삶과 불완벽하며 인간적인 삶이 선택지로 주어진다면, 나는 단연코 후자를 선택하겠다. 내가 느끼기에는 저자 드뢰서도 그러할 듯한데, 아무튼 이것은 우리의 삶 전체에 관한 철학적 사변이고, 이 작품은 그런 사변보다는 개별 알고리즘들에 대한 설명을 중심으로 삼은 과학책이다. 하지만 아무래도 본문보다는 말미의 〈나가는 말: 우리는 예측 가능하지 않다!〉를 가장 권하고 싶다.

정치적, 철학적 입장을 막론하고 누구에게나 유익한 책이다. 과학은 너무나 중요해서, 과학자들과 과학 전도사들에게만 맡겨놓을 수 없다. 우리의 삶이 펼쳐지는 지금 여기에서 알고리즘은 주눅 들어 기피하거나 무턱대고 찬양하기에는 너무나 막강한 도구다.

Cormen, Thomas H.: *Algorithms Unlocked*. MIT Press, 2013. 기본적인 알고리즘들을 수학적으로 다루는 책

MacCormick, John: *9 Algorithms That Changed the Future. The Ingenious Ideas That Drive Today's Computers*. Princeton University Press, 2012. 중요한 알고리즘들을 일반인들도 이해할 수 있게 수학적으로 설명하는 책

Schirrmacher, Frank: *Ego. Das Spiel des Lebens*. Blessing, 2013. 〈프랑크푸르터 알게마이너 차이퉁〉지의 문화면을 담당했던 저자의 마지막 대작(大作). 디지털화된 사회의 변화들을 음울하게 서술한다. 때때로 전문적인 내용에 오류가 있지만 열정적인 작품이다.

Stampfl, Nora S.: *Die berechnete Welt. Leben unter dem Einfluss von Algorithmen*. Heise, 2013. 알고리즘이 일상생활에 미치는 영향을 주로 정치적·철학적 관점에서 약간 디스토피아적으로 다룬 책.

Steiner, Christopher: *Automate This. How Algorithms Came to Rule Our World*. Penguin Group, 2012. 중요한 알고리즘들을 개발하고 고안한 개척자들의 이야기를 흥미롭게 들려주는 책.

Ziegenbalg, Jochen; Ziegenbalg, Oliver; Ziegenbalg, Bernd: *Algorithmen von Hammurapi bis gödel*. Harri Deutsch, 3. Auflage 2010. 알고리즘의 역사를 정보 이론의 틀 안에서 다루는 책.

찾아보기

옮긴이 전대호

서울대학교 물리학과와 동 대학원 철학과에서 박사과정을 수료했다. 독일 쾰른대학교에서 철학을 공부했다. 1993년 조선일보 신춘문예 시 부문에 당선되어 등단했으며, 현재는 과학 및 철학 분야의 전문번역가로 활동 중이다. 저서로 《철학은 뿔이다》, 시집으로 《가끔 중세를 꿈꾼다》《성찰》 등이 있다. 번역서로는 《로지코믹스》《위대한 설계》《스티븐 호킹의 청소년을 위한 시간의 역사》《기억을 찾아서》《생명이란 무엇인가》《수학의 언어》《산을 오른 조개껍질》《아인슈타인의 베일》《푸앵카레의 추측》《초월적 관념론 체계》《동물 상식을 뒤집는 책》 등이 있다.

알고리즘이 당신에게 이것을 추천합니다

1판 1쇄 2018년 11월 5일
1판 2쇄 2019년 12월 10일

지은이 크리스토프 드뢰서
옮긴이 전대호
펴낸이 김정순
책임편집 장준오 허영수
디자인 김수진
일러스트 더미
마케팅 김보미 임정진

펴낸곳 (주)북하우스 퍼블리셔스
출판등록 1997년 9월 23일 제406-2003-055호
주소 04043 서울시 마포구 양화로 12길 16-9(서교동 북앤빌딩)
전자우편 henamu@hotmail.com
홈페이지 www.bookhouse.co.kr
전화번호 02-3144-3123
팩스 02-3144-3121

ISBN 978-89-5605-988-4 03400

* 해나무는 ㈜북하우스 퍼블리셔스의 과학 · 인문 브랜드입니다.

이 도서의 국립중앙도서관 출판시도서목록(CIP)은 서지정보유통지원시스템 홈페이지(http://seoji.nl.go.kr)와 국가자료공동목록시스템(http://www.nl.go.kr/kolisnet)에서 이용하실 수 있습니다. (CIP제어번호 :CIP2018033557)